Fuzzy-Begriffe

Springer
Berlin
Heidelberg
New York
Barcelona
Budapest
Hongkong
London
Mailand
Paris
Santa Clara
Singapur
Tokio

Silke Pollandt

Fuzzy-Begriffe

Formale Begriffsanalyse unscharfer Daten

Mit 54 Abbildungen

Dr. Silke Pollandt
Technische Hochschule Darmstadt
FB Mathematik
AG Allgemeine Algebra
Schloßgartenstraße 7
D-64289 Darmstadt

Umschlagmotiv: Struktur des Begriffsverbandes eines L-Fuzzy-Kontextes (vgl. Kap. 2.1): dreiteilige Łukasiewicz-Logik; 3 Gegenstände, 3 Merkmale; Tabellendarstellung: Nullen in der Hauptdiagonale, sonst überall der Wert 1/2.

Die Deutsche Bibliothek - CIP-Einheitsaufnahme
Pollandt, Silke: formale Begriffsanalyse unscharfer Daten/Silke Pollandt.-Berlin; Heidelberg; New York; Barcelona; Budapest; Hongkong; London; Mailand; Paris; Santa Clara; Singapur; Tokio; Springer, 1997
ISBN-13:978-3-540-61335-0 e-ISBN-13:978-3-642-60460-7
DOI:10.1007/978-3-642-60460-7

ISBN-13:978-3-540-61335-0

Satz: Reproduktionsreife Vorlage der Autorin
Umschlaggestaltung: Künkel+Lopka, Ilvesheim
Gedruckt auf säurefreiem Papier SPIN 10540442 33/3142 – 5 4 3 2 1 0

Vorwort

Inhalt dieses Buches ist eine Einführung in die Theorie der Fuzzy-Begriffe auf der Grundlage der Formalen Begriffsanalyse. Ausgehend von der Theorie der Fuzzy-Mengen und der Fuzzy-Logik werden durch Formalisierung von Begriff und Begriffshierarchie neue Methoden zur Analyse unscharfer Daten entwickelt. Durch die graphische Darstellung von Systemen unscharfer Begriffe können Zusammenhänge veranschaulicht, (unscharfe) Daten interpretiert werden.

Die Grundlagen der Theorie der Fuzzy-Mengen (oder „unscharfen Mengen") wurden in den sechziger Jahren geschaffen. Seitdem sind zu diesem Gebiet zahlreiche Arbeiten – darunter eine Reihe von Lehrbüchern wie [7], [64], [26], [1] und [23] – veröffentlicht worden.

In der Praxis treten verschiedene Arten von „Unschärfe" auf. Beispielsweise wird in [64] zwischen „intrinsischer Unschärfe" – der Unschärfe menschlicher Empfindungen (z. B. „alte Frau") – und „informationaler Unschärfe" – der Unschärfe beim Bilden eines Gesamturteils aufgrund zu umfangreicher Informationen (z. B. „Kreditwürdigkeit") – unterschieden. In [43] werden außerdem „unscharfe Relationen" (z. B. „nicht viel größer als") aufgeführt. Der Versuch, mathematische Modelle zur Verarbeitung solcher unscharfen Informationen zu schaffen, führte zur Verallgemeinerung des Mengenbegriffes. Neben mathematischen Anwendungen wie in der Algebra, Graphentheorie, Topologie, Analysis, Maßtheorie (siehe [64]) und der mathematischen Optimierung ([43]) gestattet die Theorie der Fuzzy-Mengen vielfältige praktische Anwendungen auf den Gebieten der Ingenieurwissenschaften und Regelungstechnik (siehe zum Beispiel [44], [33], [30], [34], [50], [64], ...), der Mustererkennung und Clusteranalyse ([64], [50]) sowie der Entscheidungstheorie und Künstlichen Intelligenz (siehe zum Beispiel [44], [11], [33], [30], [43], [34], [50], [64], ...). In [2] werden Methoden zur Analyse unscharfer Daten behandelt. Begriffsanalytische Methoden werden erstmals in [49], [41] und [6] sowie in [24] zur Analyse unscharfer Daten vorgeschlagen.

Die Grundlagen der Formalen Begriffsanalyse wurden Anfang der achtziger Jahre an der TH Darmstadt entwickelt (siehe [53], [54]). Seitdem ergaben sich anhand von praktischen Beispielen vielfältige Anwendungsmöglichkeiten (vgl. [55]), die von der Wissensdarstellung, Datenanalyse und Entscheidungsunterstützung bis hin zur Entwicklung Begrifflicher Wissenssysteme (siehe [56], [31], [57], [58]) reichen. Im Lehrbuch [18] sind die mathematischen Grundlagen der Formalen Begriffsanalyse systematisch dargestellt.

Im vorliegenden Buch wird die Theorie der Formalen Begriffsanalyse unter Verwendung der Theorie der Fuzzy-Mengen und der Fuzzy-Logik um eine Reihe von Methoden und Verfahren erweitert. Damit wird der Forderung von Anwendern nach Möglichkeiten zur begriffsanalytischen Erfassung unscharfer Daten Rechnung getragen. Die Herleitung und Begründung der im vorliegenden Buch entwickelten Theorie der Fuzzy-Begriffe erfolgt mittels Aussagen der mehrwertigen Prädikatenlogik unter Ausnutzung von Zusammenhängen zwischen L-Fuzzy-Mengen nach [52] und mehrwertiger Logik.

Anliegen des Buches ist die mathematische Entwicklung der theoretischen Grundlagen der Theorie der Fuzzy-Begriffe sowie deren Veranschaulichung an leicht nachvollziehbaren Anwendungsbeispielen. Die benötigten Grundlagen der Theorie der Fuzzy-Mengen und der Formalen Begriffsanalyse werden in einem einführenden Kapitel bereitgestellt.

An dieser Stelle möchte ich allen Kollegen danken, die mich während der Arbeit an diesem Buch sowie an der dem Buch zugrundeliegenden Dissertation [49] unterstützt haben. Mein besonderer Dank gilt Herrn Dr. Reiner Fritzsche. Durch zahlreiche Gespräche und wertvolle Hinweise hat er insbesondere die Arbeit an meiner Dissertation wesentlich gefördert. Herrn Prof. Dr. Rudolf Wille danke ich besonders für die Anregung zur Entstehung dieses Buches, für die fachliche Unterstützung und seine Verbesserungsvorschläge. Für die gute Zusammenarbeit und Unterstützung auf den Gebieten der Entscheidungspsychologie bzw. der Maschinenkonstruktionslehre im Rahmen der Bearbeitung praktischer Anwendungsaufgaben danke ich Herrn Dr. Pierre Sachse und Herrn Dipl.-Ing. Matthias Bachmann. Nicht zuletzt möchte ich den Mitarbeitern des Springer-Verlages für die angenehme und unkomplizierte Zusammenarbeit danken.

Darmstadt, im August 1996 Silke Pollandt

Inhaltsverzeichnis

Einleitung

Die Formale Begriffsanalyse (vgl. [18], [53]) bietet mathematische Methoden zur Datenanalyse, die auf der Formalisierung begrifflichen Wissens beruhen. Ausgehend vom philosophischen Verständnis eines Begriffes als Einheit von Begriffsumfang (Gegenstände) und Begriffsinhalt (Merkmale), ermöglicht sie die Untersuchung von Begriffshierarchien.

Begriffliche Relationen können durch Netzwerke (vgl. z. B. „zwischenbegriffliche Relationen“ bei [28]), durch Mengensysteme (vgl. z. B. „innerbegriffliche Relationen“ bei [28]) oder durch Regelsysteme (wie z. B. in der Künstlichen Intelligenz) dargestellt werden. Die Formale Begriffsanalyse verwendet ein mengentheoretisches Begriffsmodell, stellt Oberbegriff-Unterbegriff-Relationen in Liniendiagrammen dar und ermöglicht die Untersuchung implikativer Zusammenhänge zwischen Merkmalen. Die dabei verwendeten Datenstrukturen sind Kontexte, Begriffsverbände und Implikationensysteme.

Ausgangspunkt für die Formale Begriffsanalyse ist ein (formaler) Kontext, eine Tabelle, in der der relationale Zusammenhang zwischen Gegenständen und Merkmalen erfaßt wird. Bei diesem Zusammenhang handelt es sich zunächst um eine binäre Relation, die angibt, ob die Gegenstände das jeweilige Merkmal besitzen oder nicht. Ein solcher Kontext ist als Kreuztabelle darstellbar. Der Umfang jedes Begriffes ist dabei eine Menge von Gegenständen, der Inhalt eine Menge von Merkmalen. Beide sind maximal mit der Eigenschaft, daß jeder zum Begriffsumfang gehörende Gegenstand jedes zum Begriffsinhalt gehörende Merkmal hat. Die durch die „Unterbegriff-Oberbegriff“-Relation geordnete Menge aller Begriffe ist der Begriffsverband des Kontextes, der alle im Kontext enthaltenen Informationen widerspiegelt. Im Kontext geltende Merkmalimplikationen sind am Verbandsdiagramm ablesbar, und aus den gültigen Implikationen läßt sich andererseits die Struktur des Begriffsverbandes bestimmen.

Häufig ist der relationale Zusammenhang zwischen Gegenständen und Merkmalen nicht einfach durch eine binäre Relation erfaßbar. Verschiedene Arten von „Unschärfe“ können auftreten, und zwar sowohl bezüglich der

Relation (Merkmalsausprägungen oder Bewertungen von Merkmalen für Gegenstände), als auch bezüglich der Merkmale (obligatorische und fakultative Merkmale, vgl. [28]) oder der Gegenstände (Prototypen, vgl. [45]). Verschiedene Ansätze erlauben es, auch einige dieser Unschärfetypen mit begriffsanalytischen Methoden zu behandeln. Mehrwertige Kontexte (vgl. [15], [17]) ermöglichen die Behandlung von Problemen, bei denen die Gegenstände für jedes Merkmal einen von mehreren möglichen Werten besitzen. (Zur Unterscheidung werden die formalen Kontexte auch als einwertige Kontexte bezeichnet.) Kleene-Kontexte, d. h. dreiwertige Kontexte (mit den Werten +,–,?), bei denen nicht für jeden Gegenstand und jedes Merkmal bekannt ist, ob sie in Relation stehen oder nicht, werden in [5] behandelt. In [32] wird eine Möglichkeit erläutert, partielle Implikationen – d. h. Implikationen, die nicht für den gesamten Kontext, aber „mit wenigen Ausnahmen" gelten – zu berücksichtigen. In [38] und [27] werden Begriffe auf der Grundlage von „rough sets" (siehe [37]) und der Charakterisierbarkeit von Gegenständen durch Merkmale definiert.

In diesem Buch werden zwei weitere Unschärfetypen behandelt, nämlich zum einen Kontexte, in denen die Gegenstände jedes Merkmal mit einem bestimmten (Möglichkeits-)Grad besitzen, und zum anderen mehrwertige Kontexte, deren Werte Fuzzy-Mengen sind. Dies führt zu einer Verallgemeinerung der Formalen Begriffsanalyse mittels der Theorie der Fuzzy-Mengen und der mehrwertigen Prädikatenlogik.

Der Begriff der Fuzzy-Menge wurde von Zadeh ([59]) eingeführt. Statt durch charakteristische Funktionen (wie die klassischen Mengen) werden diese Fuzzy-Mengen durch Zugehörigkeitsfunktionen charakterisiert, deren Wertebereich das reelle Intervall $[0,1]$ ist. Die Elemente gehören also mit Zugehörigkeitswerten zwischen 0 und 1 zur Fuzzy-Menge. In [59] werden für die so eingeführten Fuzzy-Mengen Mengenoperationen, algebraische Operationen und Fuzzy-Relationen definiert. Eine weitere Verallgemeinerung erfolgt in [19] und [20], indem als Wertebereich der Zugehörigkeitsfunktion geeignete geordnete Mengen (zum Beispiel vollständige Verbände oder vollständig verbandsgeordnete Halbgruppen) zugelassen werden.

Wechler ([52]) führt L-Fuzzy-Mengen ein, bei denen die Werte der Zugehörigkeitsfunktionen als Quasiwahrheitswerte von Aussagen in der mehrwertigen Logik (Fuzzy-Logik, siehe [36]) interpretiert werden können. Die zugrundeliegende Struktur ist die L-Fuzzy-Algebra. Sie ist zugleich der Wertebereich der Zugehörigkeitsfunktionen der L-Fuzzy-Mengen und die Menge der Quasiwahrheitswerte der entsprechenden mehrwertigen Logik. Die Mengenoperationen sind auf die Quasiwahrheitswertfunktionen der mehrwertigen Logik zurückführbar. Die Theorie der Fuzzy-Mengen kann dann durch die mehrwertige Logik (siehe [42], [22], [29]) begründet werden.

Für Anwendungen in der Künstlichen Intelligenz stellte es sich als vorteilhaft heraus, umgangssprachliche Ausdrücke direkt verarbeiten zu können. ZADEH führte dazu in den siebziger Jahren den Begriff der „linguistischen Variablen" ein (siehe [60]). Es handelt sich hierbei um Variable, deren Werte Fuzzy-Mengen sind. Die Zugehörigkeitswerte sind ein Maß für die „Möglichkeit" (nicht: die Wahrscheinlichkeit), daß die Variable einen bestimmten Wert annimmt. Die Bezeichnung „linguistische Variable" sollte lediglich darauf hindeuten, daß die Variablenbelegung durch umgangssprachliche Ausdrücke („linguistische Werte"), die durch Fuzzy-Mengen charakterisierbar sind, erfolgen kann. Dieses Konzept liegt der Theorie des „approximativen Schließens" (siehe [60], [61]) zugrunde, das in Expertensystemen angewendet wird. (Methoden des approximativen Schließens wie der „verallgemeinerte modus ponens" können auch mittels Possibilitätsverteilungen zur Repräsentation des unvollständigen Wissens (siehe zum Beispiel [62], [63], [8], [9], [10], ...) motiviert werden.)

In diesem Buch wird eine Theorie der Fuzzy-Begriffe entwickelt, die auf der Theorie der L-Fuzzy-Mengen ([52]) beruht und daher mittels mehrwertiger Prädikatenlogik begründet und interpretiert werden kann. Die grundlegenden Aussagen und Methoden der Formalen Begriffsanalyse lassen sich auf diesen allgemeineren Fall ausdehnen. Die für Anwendungen der Theorie der Fuzzy-Begriffe benötigten Algorithmen werden zu großen Teilen auf solche der in [18] behandelten Formalen Begriffsanalyse zurückgeführt, so daß die bereits zur Verfügung stehende Software (wie die Programmsysteme TOSCANA und ANACONDA für Windows) für die notwendigen Berechnungen genutzt werden kann.

1. Grundlagen

1.1 Formale Begriffsanalyse

Die grundlegenden Datenstrukturen zur Darstellung begrifflichen Wissens in der Formalen Begriffsanalyse (vgl. [53], [18]) sind „Kontexte", „Begriffsverbände" und „Implikationensysteme". Ein (formaler) *Kontext* wird als ein Tripel (G, M, I) definiert, wobei G eine Menge von Gegenständen, M eine Menge von Merkmalen und I $(\subseteq G \times M)$ eine binäre Relation zwischen G und M sind. Die Tatsache, daß der Gegenstand $g \in G$ und das Merkmal $m \in M$ in der Relation I stehen (d. h. gIm), kann als „der Gegenstand g hat das Merkmal m" gelesen werden. Kontexte können als Kreuztabellen dargestellt werden, wobei die Zeilen durch die Namen der Gegenstände, die Spalten durch die Namen der Merkmale bezeichnet werden. Ein Kreuz in der Zeile g und der Spalte m bedeutet, daß der Gegenstand g das Merkmal m hat.

In Abbildung 1.1 ist ein Kontext dargestellt. Die Gegenstände sind hierbei verschiedene Vergißmeinnichtarten (Myosotis), die Merkmale sind für die Bestimmung dieser Arten geeignete Pflanzenmerkmale (nach [40]).

Die Abbildungen

$$\begin{array}{lcll} A & \mapsto & A' := \{m \in M : gIm \text{ für jedes } g \in A\} & \text{für } A \subseteq G, \\ B & \mapsto & B' := \{g \in G : gIm \text{ für jedes } m \in B\} & \text{für } B \subseteq M \end{array}$$

bilden eine GALOIS-Verbindung zwischen den Potenzmengen von G und M, d. h., es gilt für alle $A, A_1, A_2 \in G$ und alle $B, B_1, B_2 \in M$

$$\begin{array}{ll} A_1 \subseteq A_2 \Longrightarrow A_1' \supseteq A_2', & A \subseteq A'', \\ B_1 \subseteq B_2 \Longrightarrow B_1' \supseteq B_2', & B \subseteq B''. \end{array}$$

Die Operatoren $'$ werden *Ableitungsoperatoren* genannt. Ein *Begriff* des Kontextes (G, M, I) wird als ein Paar (A, B) mit $A \subseteq G$, $B \subseteq M$, $A' = B$, $B' = A$

	Kelchhaare hakig gekrümmt	Kelchhaare nicht hakig gekrümmt	Griffel länger als Kelchröhre	Griffel nicht länger als Kelchröhre	Fruchtstiel nicht länger als Kelch	Fruchtstiel länger als Kelch	Krone mehr als 4mm breit	Krone nicht mehr als 4mm breit
M. sylvatica (Wald-V.)	×		×			×	×	
M. discolor (Buntes V.)	×		×		×			×
M. ramosissima (Rauhes V.)	×			×	×			×
M. arvensis (Acker-V.)	×			×		×		×
M. scorpioides (Sumpf-V.)		×	×			×	×	
M. laxa (Rasen-V.)		×		×		×		×
M. secunda		×		×		×	×	

Abb. 1.1. Formaler Kontext „Vergißmeinnicht"

definiert, wobei A der *Umfang* und B der *Inhalt* des Begriffes genannt werden. Der Umfang A und der Inhalt B eines Begriffes sind somit maximale Mengen mit der Eigenschaft, daß jeder Gegenstand aus $A \subseteq G$ jedes Merkmal aus $B \subseteq M$ besitzt. Für jeden Begriff (A, B) gilt $(A, B) = (A'', A') = (B', B'')$. Durch

$$(A_1, B_1) \leq (A_2, B_2) \;:\Longleftrightarrow\; A_1 \subseteq A_2 \quad (\Longleftrightarrow B_2 \subseteq B_1)$$

wird eine Ordnungsrelation zwischen allen Begriffen des Kontextes (G, M, I), die „Unterbegriff-Oberbegriff"-Relation, eingeführt. Die Menge aller Begriffe eines Kontextes (G, M, I) wird mit $\mathcal{B}(G, M, I)$ bezeichnet, die durch die Unterbegriff-Oberbegriff-Relation geordnete Menge $(\mathcal{B}(G, M, I), \leq)$ aller Begriffe von (G, M, I) durch $\underline{\mathcal{B}}(G, M, I)$.

Eine geordnete Menge $(V; \leq)$ heißt *vollständiger Verband*, wenn zu jeder Teilmenge X von V eine eindeutig bestimmte kleinste obere Schranke – das *Supremum* $\bigvee X$– und eine ebenfalls eindeutig bestimmte größte untere Schranke – das *Infimum* $\bigwedge X$– existieren. Eine Menge $X \subseteq V$ heißt *supremum-dicht* in V, wenn jedes Element von V als Supremum einer Teilmenge von X dargestellt werden kann, und *infimum-dicht*, wenn jedes Element von V als Infimum einer Teilmenge von X dargestellt werden kann. Der folgende Satz wird in [53] bewiesen:

Satz 1.1 (Hauptsatz über Begriffsverbände). (G, M, I) *sei ein Kontext. Dann ist* $\underline{\mathfrak{B}}(G, M, I)$ *ein vollständiger Verband, der* Begriffsverband *von* (G, M, I), *in dem Infimum und Supremum wie folgt beschrieben werden können:*

$$\bigwedge_{t\in T}(A_t, B_t) = \left(\bigcap_{t\in T} A_t, \left(\bigcup_{t\in T} A_t\right)''\right),$$

$$\bigvee_{t\in T}(A_t, B_t) = \left(\left(\bigcup_{t\in T} B_t\right)'', \bigcap_{t\in T} B_t\right).$$

Umgekehrt gilt für jeden vollständigen Verband V *genau dann die Isomorphie* $V \cong \underline{\mathfrak{B}}(G, M, I)$, *wenn Abbildungen* $\gamma : G \to V$ *und* $\mu : M \to V$ *existieren, so daß* γG *supremum-dicht in* V *ist,* μM *infimum-dicht in* V *ist und* gIm *zu* $\gamma g \leq \mu m$ *für alle* $g \in G$ *und* $m \in M$ *äquivalent ist; insbesondere gilt* $V \cong \underline{\mathfrak{B}}(V, V, \leq)$.

Zu jeder Menge von Begriffen eines Kontextes gibt es also einen eindeutig bestimmten größten Unterbegriff und einen ebenfalls eindeutig bestimmten kleinsten Oberbegriff. Begriffsverbände werden üblicherweise durch ihre Liniendiagramme veranschaulicht. Die Begriffe werden darin durch kleine Kreise repräsentiert und die Ordnungsrelation zwischen den Begriffen wird durch auf- bzw. absteigende Linienzüge wiedergegeben. Aus Gründen der Übersichtlichkeit werden die Begriffe in der Regel entsprechend den Abbildungen γ und μ in Satz 1.1 durch die Namen der Gegenstände bzw. der Merkmale bezeichnet. Dann gehören zum Umfang eines Begriffes genau die über absteigende Linienzüge erreichbaren Gegenstände und zum Inhalt genau die über aufsteigende Linienzüge erreichbaren Merkmale.

Der Begriffsverband des Kontextes in Abbildung 1.1 kann durch das Liniendiagramm in Abbildung 1.2 dargestellt werden. Beispielsweise gehören hier zum Umfang des mit „Krone > 4mm" bezeichneten Begriffes die Gegenstände „scorpioides", „secunda" und „sylvatica" und zum Inhalt dieses Begriffes die Merkmale „Fruchtstiel > Kelch" und „Krone > 4mm". Dieser Begriffsverband kann zum Beispiel zur Bestimmung von Vergißmeinnichtarten eingesetzt werden. Dazu wird das Diagramm in folgender Weise durchlaufen: Sind für eine konkrete Pflanze einige Merkmale bereits verifiziert worden, wird der größte Begriff des Verbandes gesucht, der im Diagramm unterhalb all dieser Merkmale steht. Die Pflanze kann dann jeder Art angehören, die unterhalb dieses Begriffes steht. Durch Bestimmung weiterer Merkmale können wiederum Arten ausgeschlossen werden, bis nur noch eine Art zum Umfang des

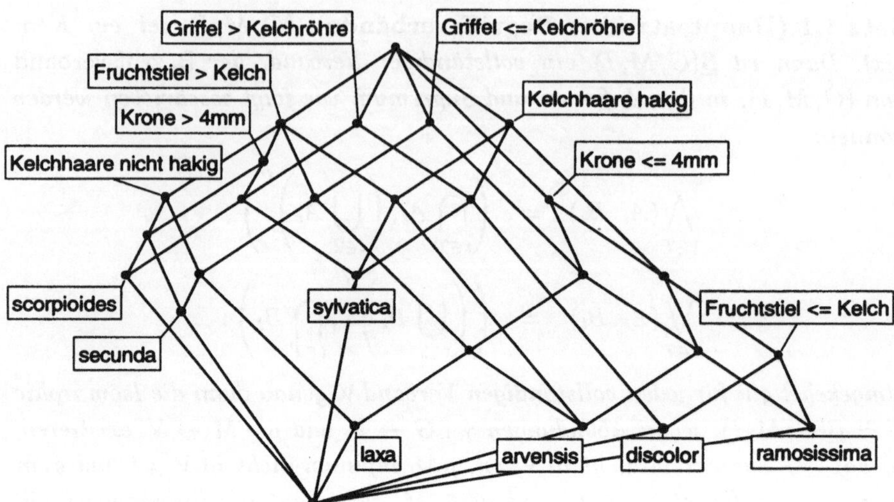

Abb. 1.2. Begriffsverband zum formalen Kontext „Vergißmeinnicht"

entsprechenden Begriffes gehört. Im Gegensatz zu den häufig angewendeten Entscheidungsbäumen ermöglicht der Begriffsverband mehrere Bestimmungswege.

Aus einem Begriffsverband kann stets der zugrundeliegende Kontext zurückgewonnen werden. Beim Übergang zwischen Kontexten und Begriffsverbänden tritt kein Informationsverlust auf.

Abhängigkeiten zwischen Mengen A_1 und A_2 von Merkmalen eines Kontextes (G, M, I) der Form „jeder Gegenstand $g \in G$, der jedes Merkmal aus A_1 besitzt, hat auch jedes Merkmal aus A_2" werden als *(Merkmal-)Implikationen* bezeichnet und durch $A_1 \to A_2$ beschrieben. Die *Gültigkeit* solcher Implikationen in einem Kontext kann wiederum vom Diagramm des zugehörigen Begriffsverbandes abgelesen werden. Die Implikation $A_1 \to A_2$ gilt genau dann, wenn jeder Begriffsinhalt, der A_1 umfaßt, auch A_2 enthält. Das ist genau dann der Fall, wenn jedes Merkmal aus A_2 im Liniendiagramm oberhalb des größten Begriffes steht, der unterhalb jedes Merkmales aus A_1 steht. Jeder Kontext (oder sein Begriffsverband) ist bis auf seine Gegenstände durch die gültigen Merkmalimplikationen eindeutig bestimmt.

Ein zusätzlicher Datentyp der Formalen Begriffsanalyse ist der „mehrwertige Kontext" (vgl. [15], [17]; zur Unterscheidung werden die formalen Kontexte auch als *einwertige Kontexte* bezeichnet). Ein *mehrwertiger Kontext* wird als ein Quadrupel (G, M, W, I), bestehend aus einer Menge G von Gegenständen, einer Menge M von Merkmalen, einer Menge W von Werten (oder Merkmalsausprägungen) und einer dreistelligen Relation I ($\subseteq G \times M \times W$) zwischen G, M und W definiert, für die gilt:

$$\text{aus } (g, m, w) \in I \text{ und } (g, m, v) \in I \text{ folgt } w = v.$$

Die (mehrwertigen) Merkmale können als partielle Abbildungen aus G in W mit

$$m(g) = w \iff (g, m, w) \in I$$

aufgefaßt werden. Gilt $(g, m, w) \in I$, so kann dies als „das Merkmal m hat beim Gegenstand g den Wert w" gelesen werden. Auch mehrwertige Kontexte können als Tabellen dargestellt werden. Dabei steht in der mit $g \in G$ bezeichneten Zeile und der mit $m \in M$ bezeichneten Spalte der Wert $m(g) \in W$.

In Abbildung 1.3 ist ein mehrwertiger Kontext dargestellt. Die Gegenstände sind Sportarten, die erfaßten Merkmale können verschiedene Werte annehmen.

	Abbruch nach	Teil-nehmer	Platz-bedarf	Ball-spiel	Zuschauer-zahl
Handball	60 min.	2×7	mittel	direkt	mittel
Fußball	90 min.	2×11	hoch	direkt	hoch
Volleyball	Ergebnis	2×6	mittel	direkt	mittel
Basketball	40 min.	2×5	mittel	direkt	mittel
Golf	Ergebnis	bel.$\times1$	hoch	mit Schläger	niedrig
Tennis-Einzel	Ergebnis	2×1	mittel	mit Schläger	mittel
Tennis-Doppel	Ergebnis	2×2	mittel	mit Schläger	mittel
Schach	Ergebnis	2×1	gering	nein	niedrig

Abb. 1.3. Mehrwertiger Kontext „Sport"

Mehrwertige Kontexte können mittels „begrifflicher Skalierung" in einwertige Kontexte umgewandelt werden. Dieser Schritt ist jedoch nicht eindeutig, sondern von der Wahl der „begrifflichen Skalen" und ihrer Zusammensetzung abhängig. Begriffe eines geeigneten einwertigen Kontextes (dem „abgeleiteten Kontext") werden als die Begriffe des mehrwertigen Kontextes gedeutet. Eine *begriffliche Skala* zum Merkmal $m \in M$ eines mehrwertigen Kontextes wird definiert als ein (einwertiger) Kontext $\mathbb{S}_m := (G_m, M_m, I_m)$ mit

$m(G) \subseteq G_m$. Ein mehrwertiger Kontext, dessen Merkmalen Skalen zugeordnet sind, wird als *skalierter Kontext* bezeichnet. Die Auswahl geeigneter Skalen für die mehrwertigen Merkmale ist ein Interpretationsvorgang, bei dem begriffliche Abhängigkeiten zwischen den auftretenden Werten dargestellt werden. Diese spiegeln sich in der Hierarchie der Begriffe des abgeleiteten Kontextes wider.

In Abbildung 1.4 sind mögliche Skalen für den mehrwertigen Kontext in Abbildung 1.3 angegeben.

	Zeit	Ergebnis
60 min.	×	
90 min.	×	
Ergebnis		×
40 min.	×	

$\mathbb{S}_{\text{Abbruch nach}}$

	Ball-spiel	Ballspiel direkt	Ballspiel mit Schläger
direkt	×	×	
mit Schläger	×		×
nein			

$\mathbb{S}_{\text{Ballspiel}}$

	≥hoch	≥mittel	≤mittel	≤gering
hoch	×	×		
mittel		×	×	
gering			×	×

$\mathbb{S}_{\text{Platzbedarf}}$

	≥hoch	≥mittel
hoch	×	×
mittel		×
niedrig		

$\mathbb{S}_{\text{Zuschauerzahl}}$

	2 Parteien	bel. viele Parteien	1 Spieler je Partei	>1 Spieler je Partei
2×7	×			×
2×11	×			×
2×6	×			×
2×5	×			×
bel.×1		×	×	
2×2	×			×
2×1	×		×	

$\mathbb{S}_{\text{Teilnehmer}}$

Abb. 1.4. Skalen zum mehrwertigen Kontext „Sport"

Die einfachste Form des Zusammenfügens von Skalen ist die „schlichte" Skalierung. Sind $\mathbb{S}_m = (G_m, M_m, I_m)$ $(m \in M)$ begriffliche Skalen zum mehrwertigen Kontext (G, M, W, I), so ist der einwertige Kontext (G, N, J) mit $N := \dot{\bigcup}_{m \in M} M_m$ und

$$gJ(m,n) \quad :\Longleftrightarrow \quad m(g)I_m n$$

der *bezüglich der schlichten Skalierung abgeleitete Kontext* (oder einfach der *abgeleitete Kontext*).

Der bezüglich der Skalen in Abbildung 1.4 abgeleitete Kontext zum mehrwertigen Kontext in Abbildung 1.3 ist in Abbildung 1.5 angegeben. In Ab-

	Abbruch nach		Teilnehmer				Platzbedarf				Ballspiel			Zuschauer	
			Part.		Sp. je P.								mit		
	Zeit	Erg.	2	bel.	1	>1	≥h	≥m	≤m	≤g	ja	dir.	Schl.	≥h	≥m
Handball	×		×			×		×	×		×	×			×
Fußball	×		×			×	×	×			×	×		×	×
Volleyball		×	×			×		×	×		×	×			×
Basketball	×		×			×		×	×		×	×			×
Golf		×		×	×		×	×			×		×		
Tennis-E.		×	×		×			×	×		×		×		×
Tennis-D.		×	×			×		×	×		×		×		×
Schach		×	×		×				×	×					

Abb. 1.5. Abgeleiteter Kontext zum mehrwertigen Kontext „Sport“

bildung 1.6 ist der zugehörige Begriffsverband dargestellt. Hier wird zum Beispiel der Begriff „Mannschaftsballspiel“ durch den mit „>1 Sp. je Partei“ bezeichneten Punkt repräsentiert. Dieser Begriff wird nämlich durch die Merkmale „Ballspiel“ und „>1 Spieler je Partei“ erzeugt, d. h., es handelt sich um den größten Begriff, der beide Merkmale umfaßt. Zum Begriffsinhalt gehören außerdem die Merkmale „Platz ≥ mittel“, „Zuschauer ≥ mittel“ und „2 Parteien“. Zum Begriffsumfang gehören die Gegenstände „Fußball“, „Basketball“, „Handball“, „Volleyball“ und „Tennis-Doppel“.

Verallgemeinerungen einwertiger bzw. mehrwertiger Kontexte und der zugehörigen Begriffsverbände sind unter Verwendung der Theorie der Fuzzy-Mengen möglich. Für die Übertragung der grundlegenden Definitionen und Aussagen der Formalen Begriffsanalyse sowie deren Interpretation können Zusammenhänge zwischen der Theorie der L-Fuzzy-Mengen (vgl. [52]) und Aussagen in der entsprechenden mehrwertigen Logik ausgenutzt werden.

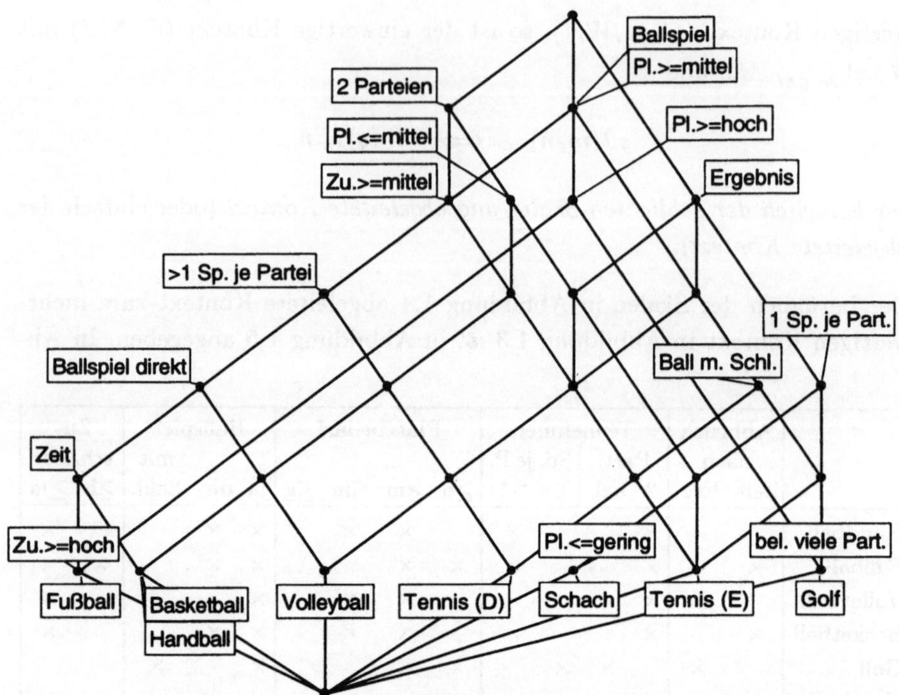

Abb. 1.6. Begriffsverband des abgeleiteten Kontextes zum mehrwertigen Kontext „Sport"

1.2 Fuzzy-Mengen

Zur Definition der L-Fuzzy-Mengen bzw. der ihnen zugrundeliegenden Struktur (vgl. [52]) wird der Begriff eines vollständigen geordneten kommutativen Halbringes benötigt. Ein *Halbring* ist definiert als eine algebraische Struktur $(R;+,\cdot)$ mit zwei binären Operationen, die den folgenden Bedingungen genügen:

$$
\begin{aligned}
(r_1+r_2)+r_3 &= r_1+(r_2+r_3),\\
r_1+r_2 &= r_2+r_1,\\
r+0 &= r,\\
(r_1\cdot r_2)\cdot r_3 &= r_1\cdot(r_2\cdot r_3),\\
r\cdot 1 = r &= 1\cdot r,\\
r\cdot 0 = 0 &= 0\cdot r,\\
r_1\cdot(r_2+r_3) &= r_1\cdot r_2+r_1\cdot r_3,\\
(r_1+r_2)\cdot r_3 &= r_1\cdot r_3+r_2\cdot r_3.
\end{aligned}
$$

Ein Halbring $(R; +, \cdot)$ mit der Eigenschaft

$$r_1 \cdot r_2 = r_2 \cdot r_1$$

heißt *kommutativer Halbring*. Ein *geordneter Halbring* ist definiert als ein Halbring $(R; +, \cdot)$, wobei R eine durch eine Relation $\leq$ geordnete Menge mit dem kleinsten Element 0 ist und die folgenden Bedingungen erfüllt sind:

$$r_1 \leq r_2 \Longrightarrow r_1 + r_3 \leq r_2 + r_3,$$

$$r_1 \leq r_2 \Longrightarrow r_1 \cdot r_3 \leq r_2 \cdot r_3 \text{ und } r_3 \cdot r_1 \leq r_3 \cdot r_2.$$

Ein *vollständiger Halbring* (siehe [52]) ist ein Halbring $(R; +, \cdot)$, wobei die Summe jeder Familie $(r_i)_{i \in I}$ ($r_i \in R$, I Indexmenge) in R definiert ist und die folgenden Bedingungen erfüllt sind:

$$\sum_{i \in I} r_i = \sum_{j \in J} \left(\sum_{i \in I_j} r_i \right), \quad \text{wenn} \quad I = \dot{\bigcup_{j \in J}} I_j,$$

$$r \cdot \left(\sum_{i \in I} r_i \right) = \sum_{i \in I} (r \cdot r_i), \qquad \left(\sum_{i \in I} r_i \right) \cdot r = \sum_{i \in I} (r_i \cdot r).$$

Eine *L-Fuzzy-Algebra* wird als eine algebraische Struktur $(L; \wedge, \vee, \cdot, \rightarrow)$ mit vier binären Operationen definiert, die den folgenden Bedingungen genügen (siehe [52]):

$$(L; \wedge, \vee) \text{ ist ein vollständiger Verband mit dem größten Element 1}, \quad (1)$$

$$(L; \vee, \cdot) \text{ ist ein vollständiger geordneter kommutativer Halbring mit 1 als Einselement}, \quad (2)$$

$$a \cdot b \leq c \iff a \leq b \rightarrow c. \quad (3)$$

Das kleinste Element 0 des vollständigen Verbandes $(L; \wedge, \vee)$ ist dabei das Nullelement des Halbringes.

Hilfssatz 1.1. *Jede L-Fuzzy-Algebra besitzt die folgenden Eigenschaften:*

$$a \rightarrow (b \rightarrow c) = b \rightarrow (a \rightarrow c), \quad (4)$$

$$a \rightarrow b = 1 \iff a \leq b, \quad (5)$$

$$a_1 \leq a_2, b_1 \leq b_2 \Longrightarrow a_2 \rightarrow b_1 \leq a_1 \rightarrow b_2, \quad (6)$$

$$(a \rightarrow b) \rightarrow b \geq a, \quad (7)$$

$$1 \rightarrow a = a, \quad (8)$$

$$a \rightarrow (b \rightarrow c) = (a \cdot b) \rightarrow c, \quad (9)$$

$$(a \to b) \cdot (b \to c) \leq a \to c, \tag{10}$$

$$\bigvee_{i \in I} (a_i \to b) \leq \left(\bigwedge_{i \in I} a_i \right) \to b, \tag{11}$$

$$\left(\bigvee_{i \in I} a_i \right) \to \left(\bigwedge_{j \in J} b_j \right) = \bigwedge_{i \in I} \bigwedge_{j \in J} (a_i \to b_j). \tag{12}$$

Beweis. (4): Die Ungleichung

$$x \leq a \to (b \to c)$$

ist äquivalent zu

$$\begin{aligned} (x \cdot a) \cdot b \leq c & \qquad \text{(wegen (3))}, \\ (x \cdot b) \cdot a \leq c & \qquad \text{(wegen (2))}, \\ x \leq b \to (a \to c) & \qquad \text{(wegen (3))}. \end{aligned}$$

Wird $x := a \to (b \to c)$ bzw. $x := b \to (a \to c)$ gesetzt, so ergibt sich (4).

(5) folgt aus (3) mit $a = 1$.

(6): Aus $a_1 \leq a_2$ folgt $(a_2 \to b_1) \cdot a_1 \leq (a_2 \to b_1) \cdot a_2$ wegen (2). (3) impliziert $(a_2 \to b_1) \cdot a_2 \leq b_1$. Also folgt $(a_2 \to b_1) \cdot a_1 \leq b_2$ aus $a_1 \leq a_2$ und $b_1 \leq b_2$, und (3) liefert (6).

(7): Wegen (3) gilt $(a \to b) \cdot a \leq b$. Hieraus folgt $a \cdot (a \to b) \leq b$ wegen (2). (3) liefert dann (7).

(8): Einerseits gilt $a \cdot 1 \leq a$ wegen (2), also $a \leq 1 \to a$ wegen (3). Andererseits gilt $(1 \to a) \cdot 1 \leq a$ wegen (3) und daher $1 \to a \leq a$ wegen (2). Aus $a \leq 1 \to a$ und $1 \to a \leq a$ folgt (8).

(9): Die Ungleichung

$$x \leq a \to (b \to c)$$

ist äquivalent zu

$$\begin{aligned} b \cdot (a \cdot x) \leq c & \qquad \text{(wegen (3))}, \\ x \cdot (a \cdot b) \leq c & \qquad \text{(wegen (2))}, \\ x \leq (a \cdot b) \to c & \qquad \text{(wegen (3))}. \end{aligned}$$

Wird $x := a \to (b \to c)$ bzw. $x := (a \cdot b) \to c$ gesetzt, so ergibt sich (9).

(10): Wegen (3) gilt $(a \to b) \cdot a \leq b$. Nach (7) gilt $b \leq (b \to c) \to c$. Also gilt

$(a \to b) \cdot a \leq (b \to c) \to c$, woraus (10) wegen (2) und (3) folgt.

(11): Für jedes $j \in I$ gilt $a_j \to b \leq (\bigwedge_{i \in I} a_i) \to b$ wegen $a_j \geq \bigwedge_{i \in I} a_i$ und (6), woraus (11) wegen (1) folgt.

(12): Einerseits gilt für alle $i, j \in I$ wegen $\bigvee_{k \in I} a_k \geq a_i$, $\bigwedge_{l \in I} b_l \leq b_j$ und (6)

$$\bigvee_{k \in I} a_k \to \bigwedge_{l \in I} b_l \leq a_i \to b_j,$$

woraus

$$\bigvee_{k \in I} a_k \to \bigwedge_{l \in I} b_l \leq \bigwedge_{i \in I} \bigwedge_{j \in I} (a_i \to b_j)$$

wegen (1) folgt. Andererseits gilt für alle $k, l \in I$ wegen (3) die Ungleichung $(a_k \to b_l) \cdot a_k \leq b_l$. Hieraus folgt wegen $\bigwedge_{i \in I} \bigwedge_{j \in I} (a_i \to b_j) \leq a_k \to b_l$ und (2)

$$\bigwedge_{i \in I} \bigwedge_{j \in I} (a_i \to b_j) \cdot a_k \leq b_l.$$

Für jedes $l \in I$ gilt somit wegen (1)

$$\bigvee_{k \in I} \left(\bigwedge_{i \in I} \bigwedge_{j \in I} (a_i \to b_j) \cdot a_k \right) \leq b_l$$

und wegen (2)

$$\bigwedge_{i \in I} \bigwedge_{j \in I} (a_i \to b_j) \cdot \bigvee_{k \in I} a_k \leq b_l.$$

Also gilt wegen (1)

$$\bigwedge_{i \in I} \bigwedge_{j \in I} (a_i \to b_j) \cdot \bigvee_{k \in I} a_k \leq \bigwedge_{l \in I} b_l$$

und wegen (3)

$$\bigwedge_{i \in I} \bigwedge_{j \in I} (a_i \to b_j) \leq \bigvee_{k \in I} a_k \to \bigwedge_{l \in I} b_l.$$

Aus

$$\bigvee_{k \in I} a_k \to \bigwedge_{l \in I} b_l \leq \bigwedge_{i \in I} \bigwedge_{j \in I} (a_i \to b_j)$$

und

$$\bigwedge_{i \in I} \bigwedge_{j \in I} (a_i \to b_j) \leq \bigvee_{k \in I} a_k \to \bigwedge_{l \in I} b_l$$

folgt (12).

□

Bemerkung. Die Operationen $\rightarrow$ bzw. $\cdot$ sind eine „residuation" bzw. eine „multiplication" im Sinne von [51]. Der Begriff „L-Fuzzy-Algebra" stimmt mit den Begriffen „integral residuated clo-monoid" in [3] und „residuated commutative closg" in [20] überein.

Jeder L-Fuzzy-Algebra entspricht in dem Sinne eine mehrwertige Logik, daß die Quasiwahrheitswerte der Aussagen $P \wedge Q$, $P \vee Q$ und $P \rightarrow Q$ (mit $\wedge, \vee, \rightarrow$ als logische Verknüpfungen) durch $p \wedge q$, $p \vee q$ bzw. $p \rightarrow q$ definiert werden können, wobei $p \in L$ und $q \in L$ die Quasiwahrheitswerte der Aussagen P und Q sind.

In [20] und [52] wird außerdem eine (aussagenlogische) Negation durch $\neg P := P \rightarrow 0$ definiert. Für die entsprechende Wahrheitswertfunktion $\neg$ gilt dabei also $\neg p = p \rightarrow 0$.

Für jede L-Fuzzy-Algebra $(L; \wedge, \vee, \cdot, \rightarrow)$ gilt:

Hilfssatz 1.2. *Ist* $(L; \wedge, \vee)$ *ein komplementärer Verband, so ist das Komplement eindeutig bestimmt und durch* $\neg a = a \rightarrow 0$ *darstellbar.*

Beweis. Gilt $a \wedge b = 0$ und $a \vee b = 1$ für zwei Elemente $a, b \in L$, so gilt

$$\begin{aligned} b &= (a \vee b) \rightarrow b && \text{(wegen (8))} \\ &= (a \rightarrow b) \wedge (b \rightarrow b) && \text{(wegen (12))} \\ &= (a \rightarrow a) \wedge (a \rightarrow b) && \text{(wegen (5))} \\ &= a \rightarrow (a \wedge b) && \text{(wegen (12))} \\ &= a \rightarrow 0. \end{aligned}$$

□

Im weiteren sei X ein Grundbereich. Jede Menge

$$A = \{(x, \mu_A(x)) : x \in X\},$$

wobei $\mu_A : X \rightarrow L$ mit

$$\begin{aligned} \mu_{A_1 \cap A_2}(x) &= \mu_{A_1}(x) \wedge \mu_{A_2}(x), \\ \mu_{A_1 \cup A_2}(x) &= \mu_{A_1}(x) \vee \mu_{A_2}(x) \end{aligned}$$

die *Zugehörigkeitsfunktion* von A ist, ist eine *L-Fuzzy-Menge* (oder einfach eine *Fuzzy-Menge* bzw. eine *unscharfe Menge*) in X.

Der Wert $\mu_A(x)$ gibt den „Möglichkeitsgrad" an, mit dem das Element $x \in X$ zur Fuzzy-Menge A gehört, und kann als Quasiwahrheitswert der Aussage „x ist Element von A" in der entsprechenden mehrwertigen Logik interpretiert werden.

Spezielle L-Fuzzy-Algebren können durch T-Normen (engl.: triangular norms) definiert werden (vgl. [22]). Eine *T-Norm* t ist eine binäre Operation in einer Teilmenge L des reellen Intervalls $[0,1]$, die den folgenden Bedingungen genügt:

$$\begin{aligned}
&\mathrm{t}(0,a) = 0, \qquad \mathrm{t}(1,a) = a,\\
&a \leq c, b \leq d \Longrightarrow \mathrm{t}(a,b) \leq \mathrm{t}(c,d),\\
&\mathrm{t}(a,b) = \mathrm{t}(b,a),\\
&\mathrm{t}(\mathrm{t}(a,b),c) = \mathrm{t}(a,\mathrm{t}(b,c)).
\end{aligned}$$

Jede T-Norm t mit der Eigenschaft

$$\mathrm{t}(a, \sup_{i\in I} b_i) = \sup_{i\in I} \mathrm{t}(a,b_i)$$

wird als *residuale* T-Norm bezeichnet. Ist t eine residuale T-Norm in $L \subseteq [0,1]$, so ist $(L; \wedge, \vee, \cdot, \rightarrow)$ mit

$$\begin{aligned}
a \wedge b &:= \min(a,b), & a \cdot b &:= \mathrm{t}(a,b),\\
a \vee b &:= \max(a,b), & a \rightarrow b &:= \sup\{x : \mathrm{t}(a,x) \leq b\}
\end{aligned}$$

eine L-Fuzzy-Algebra. Den T-Normen

$$\mathrm{t}(a,b) = \max(0, a+b-1)$$

und

$$\mathrm{t}(a,b) = \min(a,b)$$

sind dabei die $\rightarrow$-Operationen

$$a \rightarrow b = \min(1, 1-a+b) \qquad (\text{LUKASIEWICZ-Implikation})$$

bzw.

$$a \rightarrow b = \begin{cases} 1, & \text{wenn } a \leq b,\\ b, & \text{wenn } a > b \end{cases} \qquad (\text{GÖDEL-Implikation})$$

zugeordnet.

Ist $(L; \wedge, \vee, \cdot, \rightarrow)$ (mit $L = [0,1]$) die der LUKASIEWICZ-Logik entsprechende L-Fuzzy-Algebra, so können zum Beispiel die L-Fuzzy-Mengen der Werte der Mittagstemperaturen warmer bzw. kalter Sommertage (in °C) durch die in Abbildung 1.7 dargestellten Zugehörigkeitsfunktionen charakterisiert werden.

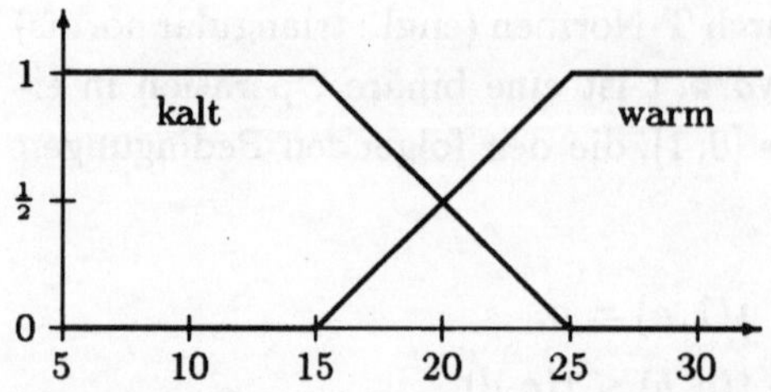

Abb. 1.7. Zugehörigkeitsfunktionen von Fuzzy-Mengen

Jedes direkte Produkt von L-Fuzzy-Algebren ist eine L-Fuzzy-Algebra. (Entsprechende „Produkt-Systeme" in der mehrwertigen Logik werden zum Beispiel in [42] betrachtet.) Das einfachste Beispiel ist die L-Fuzzy-Algebra $(\{11, 10, 01, 00\}; \wedge, \vee, \cdot, \rightarrow)$, deren Verbandsstruktur durch Abbildung 1.8 und deren Operationen $\cdot$ und $\rightarrow$ durch Abbildung 1.9 definiert sind.

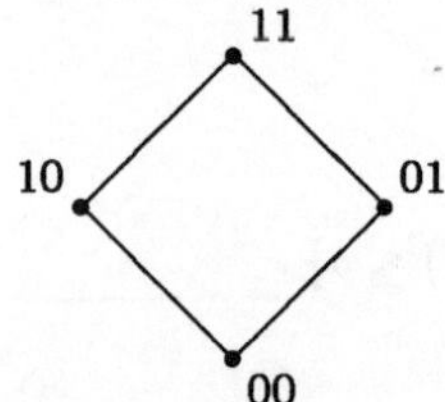

Abb. 1.8. Verbandsstruktur der L-Fuzzy-Algebra $(\{11, 10, 01, 00\}; \wedge, \vee, \cdot, \rightarrow)$

$\cdot$	11	10	01	00
11	11	10	01	00
10	10	10	00	00
01	01	00	01	00
00	00	00	00	00

$\rightarrow$	11	10	01	00
11	11	10	01	00
10	11	11	01	01
01	11	10	11	10
00	11	11	11	11

Abb. 1.9. Operationen $\cdot$ und $\rightarrow$ der L-Fuzzy-Algebra $(\{11, 10, 01, 00\}; \wedge, \vee, \cdot, \rightarrow)$

Für Fuzzy-Mengen A_1 und A_2 in X wird der Quasiwahrheitswert (truth value: tv) der Aussage „A_1 ist Fuzzy-Teilmenge von A_2" durch

$$\begin{aligned} \mathrm{tv}(\text{„}A_1 \subsetneqq A_2\text{“}) &:= \mathrm{tv}(\forall x \in X (x \in A_1 \rightarrow x \in A_2)) \\ &= \bigwedge_{x \in X} (\mu_{A_1}(x) \rightarrow \mu_{A_2}(x)) \end{aligned}$$

definiert (vgl. [21]). $A_1 \subsetneqq A_2$ *gilt* genau dann, wenn $\mathrm{tv}(\text{„}A_1 \subsetneqq A_2\text{“}) = 1$ gilt.

Durch

$$A_1 \underset{\sim}{\subseteq} A_2 \quad :\Longleftrightarrow \quad \mu_{A_1}(x) \leq \mu_{A_2}(x) \ \text{ für jedes } \ x \in X$$

wird somit eine Ordnungsrelation zwischen Fuzzy-Mengen definiert.

Jede Fuzzy-Teilmenge R von $X = X_1 \times \ldots \times X_n$ ist eine n-äre *Fuzzy-Relation* zwischen $X_1, \ldots, X_n$.

2. Fuzzy-Kontexte

2.1 Grundlegende Definitionen und Aussagen

Die Theorie der einwertigen Kontexte kann in der Weise verallgemeinert werden, daß in der Tabellendarstellung des Kontextes nicht nur Einsen (bzw. Kreuze) oder Nullen (bzw. keine Kreuze), sondern die Quasiwahrheitswerte einer mehrwertigen Logik auftreten, die angeben, mit welchem Wahrheitswert die Gegenstände jedes Merkmal besitzen. Korrespondiert diese mehrwertige Logik mit einer L-Fuzzy-Algebra (im Sinne von [52]), so lassen sich die grundlegenden Definitionen und Aussagen der Formalen Begriffsanalyse mit Hilfe der Theorie der L-Fuzzy-Mengen und der entsprechenden mehrwertigen Prädikatenlogik auf diesen allgemeineren Fall übertragen. Dabei werden L-Fuzzy-Begriffe definiert, deren Umfang und Inhalt L-Fuzzy-Mengen von Gegenständen bzw. Merkmalen sind.

Definition 2.1. *Ein* L-Fuzzy-Kontext *(oder einfach ein* Fuzzy-Kontext*) ist ein Tripel* (G, M, R)*, bestehend aus Mengen* G *(von Gegenständen) und* M *(von Merkmalen) sowie einer Fuzzy-Relation* R *zwischen* G *und* M *(definiert durch* $\mu_R : G \times M \to L$*).*

Der Wert $\mu_R(g, m)$ kann als Quasiwahrheitswert der Aussage „Der Gegenstand g hat das Merkmal m" in der entsprechenden mehrwertigen Logik verstanden werden.

Als Beispiel soll das Wetter in einer Sommerwoche betrachtet werden. Die Gegenstände sind die Tage der entsprechenden Woche. Um Begriffe wie „Wanderwetter" oder „Badewetter" zu charakterisieren, ist es nicht notwendig, die genauen Temperaturwerte, Niederschlagsmengen und Windgeschwindigkeiten für jeden dieser Tage zu kennen. Es genügt, die Merkmale „warm", „kalt", „niederschlagsarm" und „windstill" zu betrachten, die an den einzelnen Tagen mit bestimmten Wahrheitswerten (zum Beispiel aus der Menge $\{0, \frac{1}{2}, 1\}$) zutreffen. $(L; \wedge, \vee, \cdot, \to)$ sei die der dreiwertigen Łukasiewicz-Logik entsprechende L-Fuzzy-Algebra. Dann wird durch die Tabelle in Abbildung 2.1 ein

L-Fuzzy-Kontext dargestellt (aus Darstellungsgründen mit vertauschten Rollen der Zeilen und Spalten). Die Einträge dieser Tabelle können dabei einer-

	Mo	Di	Mi	Do	Fr	Sa	So
warm	$\frac{1}{2}$	1	$\frac{1}{2}$	$\frac{1}{2}$	0	0	0
kalt	$\frac{1}{2}$	0	$\frac{1}{2}$	$\frac{1}{2}$	1	1	1
ns.-arm	1	1	1	0	0	$\frac{1}{2}$	1
windstill	1	1	0	0	0	0	1

Abb. 2.1. Fuzzy-Kontext „Wetter"

seits dadurch ermittelt worden sein, daß zum Beispiel täglich die Mittagstemperatur gemessen wurde und der Zugehörigkeitswert zur L-Fuzzy-Menge der Temperaturwerte warmer Tage (in °C) in die Spalte „warm" eingetragen wurde. Die entsprechende Zugehörigkeitsfunktion könnte die Gestalt

$$\mu_{\text{„warm"}}(x) = \begin{cases} 1, & \text{wenn } 25 \leq x, \\ \frac{1}{2}, & \text{wenn } 15 < x < 25, \\ 0, & \text{wenn } x \leq 15 \end{cases}$$

haben. Andererseits können die Einträge auch allein aufgrund des menschlichen Empfindens zustande gekommen sein.

Die zu Fuzzy-Kontexten gehörenden Begriffe sollen (analog zu denen einwertiger Kontexte) mit Hilfe von Ableitungsoperatoren definiert werden. Für einwertige Kontexte (G, M, I) wird für jedes $B \subseteq M$ die Menge

$$B' := \{g \in G : \forall m \in B\ (gIm)\} = \{g \in G : \forall m \in M\ (m \in B \to gIm)\}$$

und analog $A' \subseteq M$ für $A \subseteq G$ definiert. Für Fuzzy-Kontexte ist eine entsprechende Definition mit Hilfe der Quasiwahrheitswerte von Aussagen in der mehrwertigen Prädikatenlogik, die der verwendeten L-Fuzzy-Algebra entspricht (zum Beispiel der ŁUKASIEWICZ-Logik, im weiteren durch Ł bezeichnet), möglich.

(G, M, R) sei ein Fuzzy-Kontext. Für $B \subsetapprox M$ wird die Fuzzy-Menge B' durch

$$\begin{aligned} \mu_{B'}(g) &:= \text{tv}\ (\forall m \in M\ (\text{„}m \in B\text{"} \to \text{„}g \text{ hat } m\text{"})) \\ &= \bigwedge_{m \in M} (\mu_B(m) \to \mu_R(g, m)) \\ &\overset{Ł}{=} \inf_{m \in M} \min\{1, 1 - \mu_B(m) + \mu_R(g, m)\} \end{aligned}$$

und analog $A' \subsetapprox M$ für $A \subsetapprox G$ definiert. Somit wird $B'' \subsetapprox M$ durch

$$\begin{aligned}\mu_{B''}(m) &= \text{tv}\,(\forall g \in G\,((\forall n \in M\,(\text{„}n \in B\text{“} \to \text{„}g \text{ hat } n\text{“})) \to \text{„}g \text{ hat } m\text{“}))\\ &= \bigwedge_{g\in G}\left(\bigwedge_{n\in M}(\mu_B(n) \to \mu_R(g,n)) \to \mu_R(g,m)\right)\\ &\overset{Ł}{=} \inf_{g\in G}\min\left\{1, 1 - \inf_{n\in M}\min\{1, 1-\mu_B(n)+\mu_R(g,n)\} + \mu_R(g,m)\right\}\\ &\overset{Ł}{=} \inf_{g\in G}\min\left\{1, \sup_{n\in M}\max\{\mu_R(g,m), \mu_B(n) - \mu_R(g,n) + \mu_R(g,m)\}\right\}\end{aligned}$$

charakterisiert. Damit gilt die folgende Aussage:

Hilfssatz 2.1. *Die Operatoren ′ definieren eine* GALOIS-*Verbindung zwischen den Verbänden $\mathcal{F}(G)$ und $\mathcal{F}(M)$ aller Fuzzy-Teilmengen von G bzw. M, d. h., ″ sind Hüllenoperationen auf $\mathcal{F}(G)$ bzw. $\mathcal{F}(M)$.*

Beweis. Die Aussage gilt, wenn

$$B_1 \underset{\sim}{\subseteq} B_2 \Longrightarrow B_1{}' \underset{\sim}{\supseteq} B_2{}', \tag{I}$$

$$B \underset{\sim}{\subseteq} B'' \tag{II}$$

bewiesen werden kann.

(I): $B_1 \underset{\sim}{\subseteq} B_2$ ist nach Definition äquivalent zu

$$\mu_{B_1}(m) \le \mu_{B_2}(m) \quad \text{für jedes} \quad m \in M.$$

Hieraus folgt wegen (6)

$$\mu_{B_1}(m) \to \mu_R(g,m) \ge \mu_{B_2}(m) \to \mu_R(g,m) \quad \text{für alle} \quad m \in M,\ g \in G.$$

Dann gilt wegen (1)

$$\bigwedge_{m\in M}(\mu_{B_1}(m) \to \mu_R(g,m)) \ge \bigwedge_{m\in M}(\mu_{B_2}(m) \to \mu_R(g,m)) \quad \text{für jedes} \quad g \in G.$$

Dies ist äquivalent zu

$$\mu_{B_1{}'}(g) \ge \mu_{B_2{}'}(g) \quad \text{für jedes} \quad g \in G,$$

d. h. zu $B_1{}' \underset{\sim}{\supseteq} B_2{}'$.

(II): B'' wird durch

$$\mu_{B''}(m) = \bigwedge_{g\in G}\left(\bigwedge_{n\in M}(\mu_B(n) \to \mu_R(g,n)) \to \mu_R(g,m)\right) \quad \text{für jedes} \quad m \in M$$

charakterisiert. Somit gilt wegen (1) und (6)

$$\mu_{B''}(m) \geq \bigwedge_{g \in G} ((\mu_B(m) \to \mu_R(g,m)) \to \mu_R(g,m)) \quad \text{für jedes} \quad m \in M.$$

Wegen (1) und (7) gilt also

$$\mu_{B''}(m) \geq \bigwedge_{g \in G} \mu_B(m) = \mu_B(m) \quad \text{für jedes} \quad m \in M,$$

d.h. $B'' \supsetsim B$.

□

Hilfssatz 2.1 ermöglicht die folgende Definition:

Definition 2.2. *Ein* L-Fuzzy-Begriff *(oder einfach ein* Fuzzy-Begriff*) von* (G, M, R) *ist ein Paar* (A, B) *mit*

$$A \subsetsim G, \ B \subsetsim M, \ A' = B, \ B' = A.$$

Nach dieser Definition gilt für jeden Fuzzy-Begriff

$$(A, B) = (A'', A') = (B', B'').$$

Die Fuzzy-Menge A ist der *Umfang* und B der *Inhalt* des Fuzzy-Begriffes (A, B). Eine Ordnungsrelation (die „Unterbegriff-Oberbegriff"-Relation) zwischen Fuzzy-Begriffen wird durch

$$(A_1, B_1) \leq (A_2, B_2) \ :\Longleftrightarrow \ A_1 \subsetsim A_2 \ \ (\Longleftrightarrow \ B_1 \supsetsim B_2)$$

definiert. Die Menge aller Fuzzy-Begriffe von (G, M, R) wird mit $\mathcal{B}(G, M, R)$ und die geordnete Menge $(\mathcal{B}(G, M, R), \leq)$ mit $\underline{\mathcal{B}}(G, M, R)$ bezeichnet.

Hilfssatz 2.2. *Für jede Menge* $\{A_t : t \in T\}$ *von Fuzzy-Teilmengen von* G *(bzw.* M*) gilt*

$$\left(\bigcup_{t \in T} A_t \right)' = \bigcap_{t \in T} A'_t.$$

Beweis. $\{A_t : t \in T\}$ sei eine Menge von Fuzzy-Teilmengen von G. Dann gilt

$$\begin{aligned}
\mu_{(\bigcup_{t \in T} A_t)'}(m) &= \bigwedge_{g \in G} \left(\bigvee_{t \in T} \mu_{A_t}(g) \to \mu_R(g,m) \right) \\
&= \bigwedge_{g \in G} \bigwedge_{t \in T} (\mu_{A_t}(g) \to \mu_R(g,m)) && \text{(wegen (12))} \\
&= \bigwedge_{t \in T} \bigwedge_{g \in G} (\mu_{A_t}(g) \to \mu_R(g,m)) && \text{(wegen (1))} \\
&= \mu_{\bigcap_{t \in T} A'_t}(m)
\end{aligned}$$

für jedes $m \in M$. Analoges gilt für Fuzzy-Teilmengen von M.

□

Folgerung. *(G, M, R) sei ein L-Fuzzy-Kontext. Dann ist $\underline{\mathfrak{B}}(G, M, R)$ ein vollständiger Verband, der* L-Fuzzy-Begriffsverband *(oder einfach der* Fuzzy-Begriffsverband*) von (G, M, R), in dem Infimum und Supremum wie folgt beschrieben werden können:*

$$\bigwedge_{t\in T}(A_t, B_t) = \left(\bigcap_{t\in T} A_t, \left(\bigcup_{t\in T} B_t\right)''\right),$$

$$\bigvee_{t\in T}(A_t, B_t) = \left(\left(\bigcup_{t\in T} A_t\right)'', \bigcap_{t\in T} B_t\right).$$

Beweis. (vgl. [18], Beweis des ersten Teiles von Satz 3) Es gilt $A_t = B_t{}'$ und $A_t{}' = B_t$ für jedes $t \in T$. Damit kann $(\bigcap_{t\in T} A_t, (\bigcup_{t\in T} B_t)'')$ bzw. $((\bigcup_{t\in T} A_t)'', \bigcap_{t\in T} B_t)$ wegen Hilfssatz 2.2 zu $((\bigcup_{t\in T} B_t)', (\bigcup_{t\in T} B_t)'')$ bzw. $((\bigcup_{t\in T} A_t)'', (\bigcup_{t\in T} A_t)')$ umgeformt werden, d. h., beides sind Fuzzy-Begriffe. Dabei handelt es sich um den größten gemeinsamen Unterbegriff bzw. den kleinsten gemeinsamen Oberbegriff der Fuzzy-Begriffe (A_t, B_t), da der Umfang von ersterem gerade der Durchschnitt der Umfänge der (A_t, B_t) und der Inhalt von letzterem gerade der Durchschnitt der Inhalte der (A_t, B_t) ist, d. h., $\underline{\mathfrak{B}}(G, M, R)$ ist ein vollständiger Verband.

□

Bemerkung. Das Dualitätsprinzip gilt auch in der Formalen Begriffsanalyse für Fuzzy-Kontexte. Für jeden Fuzzy-Kontext (G, M, R) existiert der „duale" Kontext (M, G, R^{-1}) (mit $\mu_{R^{-1}}(m, g) := \mu_R(g, m)$), wobei $\underline{\mathfrak{B}}(M, G, R^{-1}) = \underline{\mathfrak{B}}(G, M, R)^d$ gilt. Durch Vertauschen der Gegenstandsmenge G und der Merkmalsmenge M in einem Fuzzy-Kontext erhält man also den dualen Fuzzy-Begriffsverband.

Für jede Fuzzy-Menge A in X und jedes Element $\nu \in L$ werden durch

$$\mu_{\nu\cdot A}(x) := \nu \cdot \mu_A(x),$$
$$\mu_{\nu\to A}(x) := \nu \to \mu_A(x)$$

Fuzzy-Mengen $\nu \cdot A$ und $\nu \to A$ in X definiert.

Hilfssatz 2.3. *Für alle L-Fuzzy-Teilmengen A, A_1, A_2 von G und für jedes $\nu \in L$ gilt:*

$$(\nu \cdot A)' = \nu \to A', \tag{13}$$
$$A_1{}' = A_2{}' \Longrightarrow (\nu \cdot A_1)' = (\nu \cdot A_2)'. \tag{14}$$

Beweis. (13): Für alle $A \subsetneqq G$, $\nu \in L$ und $m \in M$ gilt

$$\begin{aligned}
\mu_{(\nu\cdot A)'}(m) &= \bigwedge_{g\in G}((\nu\cdot\mu_A(g)) \to \mu_R(g,m)) \\
&= \bigwedge_{g\in G}(\nu \to (\mu_A(g) \to \mu_R(g,m))) && \text{(wegen (9))} \\
&= \nu \to \bigwedge_{g\in G}(\mu_A(g) \to \mu_R(g,m)) && \text{(wegen (12))} \\
&= \nu \to \mu_{A'}(m).
\end{aligned}$$

(14) folgt aus (13), da $\nu \to {A_1}' = \nu \to {A_2}'$ aus ${A_1}' = {A_2}'$ folgt.

□

Jeder von einer einelementigen[1] Fuzzy-Menge $A = \{(g,\nu)\} \subsetneqq G$ erzeugte Fuzzy-Begriff (A'', A') wird *Gegenstandsbegriff* genannt. Für die Fuzzy-Menge $\{(g,\nu)\}$ $(= \nu \cdot \{g\})$ wird auch (g,ν) geschrieben. Die Fuzzy-Menge $\{g\}$ (im Fall $\nu = 1$) wird auch durch g bezeichnet. $G \times L$ ist dann die Menge aller einelementigen Fuzzy-Teilmengen von G. Für Merkmale werden analoge Bezeichnungen verwendet.

Die Folgerung zu Hilfssatz 2.2 ermöglicht die folgende Aussage:

Hilfssatz 2.4. *(G, M, R) sei ein L-Fuzzy-Kontext. Dann gilt für alle Fuzzy-Mengen $A = \bigcup_{t\in T} A_t \subsetneqq G$ und $B = \bigcup_{t\in T} B_t \subsetneqq M$*

$$(A'', A') = \bigvee_{t\in T}(A''_t, A'_t),$$

$$(B', B'') = \bigwedge_{t\in T}(B'_t, B''_t).$$

Beweis. Die Darstellung $A = \bigcup_{t\in T} A_t$ impliziert wegen Hilfssatz 2.2

$$A' = \left(\bigcup_{t\in T} A_t\right)' = \bigcap_{t\in T} A'_t.$$

[1] Fuzzy-Mengen, bei denen genau ein Element des Grundbereiches einen von Null verschiedenen Zugehörigkeitswert besitzt, werden als *einelementige Fuzzy-Mengen* bezeichnet. Für die durch

$$\mu_A(x) = \begin{cases} \nu, & \text{wenn} \quad x = g, \\ 0 & \text{sonst} \end{cases}$$

charakterisierte Fuzzy-Menge A wird abkürzend $\{(g,\nu)\}$ geschrieben.

Also gilt

$$(A'', A') = \left(\left(\bigcup_{t \in T} A_t \right)'', \bigcap_{t \in T} A'_t \right) = \bigvee_{t \in T} (A''_t, A'_t)$$

nach der Folgerung zu Hilfssatz 2.2. Die Behauptung für $B = \bigcup_{t \in T} B_t$ folgt in analoger Weise.

□

Die Darstellungen

$$A = \bigcup_{g \in G} (g, \mu_A(g)) \quad \text{und} \quad B = \bigcup_{m \in M} (m, \mu_B(m))$$

für beliebige Fuzzy-Mengen $A \underset{\sim}{\subseteq} G$ bzw. $B \underset{\sim}{\subseteq} M$ führen somit zu folgender Aussage:

Folgerung 1. *Jeder Fuzzy-Begriff kann als Supremum von Gegenstandsbegriffen und als Infimum von Merkmalsbegriffen dargestellt werden:*

$$(A, B) = (A'', A') = \bigvee_{g \in G} ((g, \mu_A(g))'', (g, \mu_A(g))'),$$

$$(A, B) = (B', B'') = \bigwedge_{m \in M} ((m, \mu_B(m))', (m, \mu_B(m))'').$$

Es ist also ausreichend, die Gegenstands- und Merkmalsbegriffe im Diagramm des Fuzzy-Begriffsverbandes durch ihre erzeugenden einelementigen Fuzzy-Mengen zu bezeichnen. Umfang und Inhalt eines Fuzzy-Begriffes können dann wie in Begriffsverbänden einwertiger Kontexte aus dem Diagramm abgelesen werden: Der Begriffsumfang eines Fuzzy-Begriffes ist die Vereinigung der darunterstehenden einelementigen Fuzzy-Mengen von Gegenständen, der Begriffsinhalt ist die Vereinigung der darüberstehenden einelementigen Fuzzy-Mengen von Merkmalen.

Der Fuzzy-Begriffsverband zum Fuzzy-Kontext in Abbildung 2.1 ist in Abbildung 2.2 dargestellt. Die Symbole Ba, Wa bzw. Wo im Diagramm bezeichnen die Fuzzy-Begriffe „Badewetter“, „Wanderwetter“ bzw. „Wochenendwetter“. „Badewetter“ ist der von

$$\{(\text{warm}, 1), (\text{niederschlagsarm}, 1)\} \underset{\sim}{\subseteq} M$$

erzeugte Fuzzy-Begriff. Der Begriffsumfang ist die Fuzzy-Menge

$$\{(\text{Mo}, \tfrac{1}{2}), (\text{Di}, 1), (\text{Mi}, \tfrac{1}{2})\} \underset{\sim}{\subseteq} G,$$

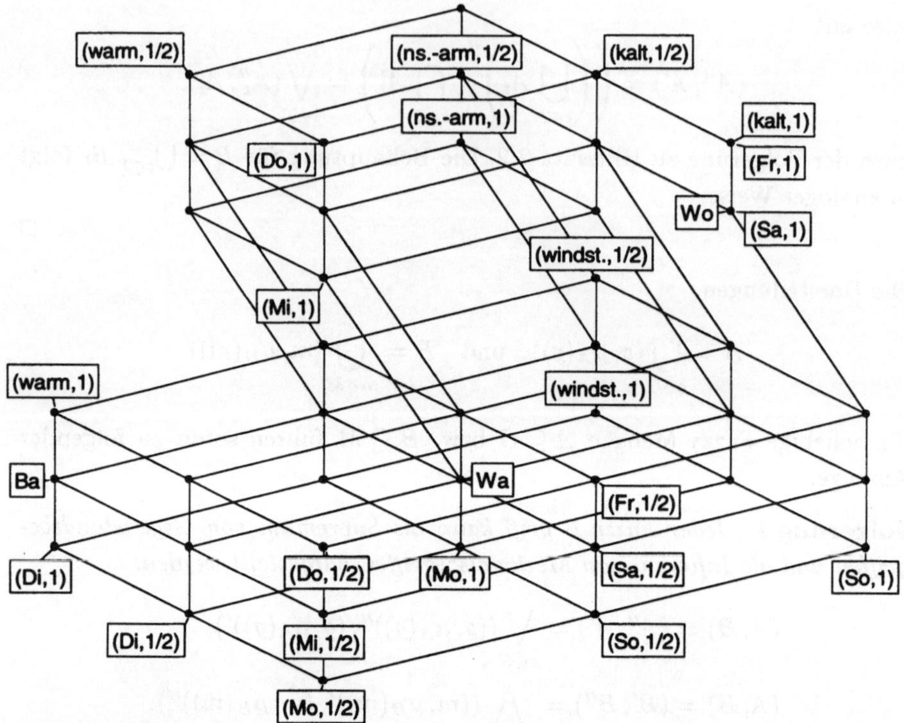

Abb. 2.2. Begriffsverband zum Fuzzy-Kontext „Wetter“

der Begriffsinhalt ist die Fuzzy-Menge

$$\{(\text{warm}, 1), (\text{niederschlagsarm}, 1), (\text{windstill}, \tfrac{1}{2})\} \subsetneq M.$$

An den warmen, niederschlagsarmen Tagen dieser Woche ist es also nicht sehr windig. Zum Baden sind der Dienstag sehr gut, der Montag und Mittwoch einigermaßen gut, die übrigen Tage jedoch nicht geeignet. Der Fuzzy-Begriff „Wanderwetter“ wird von

$$\{(\text{warm}, \tfrac{1}{2}), (\text{kalt}, \tfrac{1}{2}), (\text{niederschlagsarm}, 1)\} \subsetneq M$$

erzeugt und hat

$$\{(\text{Mo}, 1), (\text{Di}, \tfrac{1}{2}), (\text{Mi}, \tfrac{1}{2}), (\text{Sa}, \tfrac{1}{2}), (\text{So}, \tfrac{1}{2})\} \subsetneq G$$

als Begriffsumfang und

$$\{(\text{warm}, \tfrac{1}{2}), (\text{kalt}, \tfrac{1}{2}), (\text{niederschlagsarm}, 1), (\text{windstill}, \tfrac{1}{2})\} \subsetneq M$$

als Begriffsinhalt. Der Fuzzy-Begriff „Wochenendwetter“ wird von

$$\{(\mathrm{Sa}, 1), (\mathrm{So}, 1)\} \underset{\sim}{\subseteq} G$$

erzeugt. Der Begriffsumfang ist die Fuzzy-Menge

$$\{(\mathrm{Mo}, \tfrac{1}{2}), (\mathrm{Mi}, \tfrac{1}{2}), (\mathrm{Do}, \tfrac{1}{2}), (\mathrm{Fr}, \tfrac{1}{2}), (\mathrm{Sa}, 1), (\mathrm{So}, 1)\} \underset{\sim}{\subseteq} G,$$

der Begriffsinhalt ist die Fuzzy-Menge

$$\{(\mathrm{kalt}, 1), (\mathrm{niederschlagsarm}, \tfrac{1}{2})\} \underset{\sim}{\subseteq} M.$$

Am Wochenende (Samstag und Sonntag) der betrachteten Woche ist es also kalt mit leichten Niederschlägen. Das ist am Dienstag nicht der Fall, an den übrigen Tagen ist das Wetter jedoch dem am Wochenende einigermaßen ähnlich.

Eine weitere Folgerung aus Hilfssatz 2.4 ergibt sich aufgrund der Definition der Vereinigung von L-Fuzzy-Mengen:

Folgerung 2. *Gilt $\nu = \bigvee T$ mit $T \subseteq L$, so gilt für den von (g, ν) erzeugten Gegenstandsbegriff bzw. für den von (m, ν) erzeugten Merkmalsbegriff*

$$((g,\nu)'', (g,\nu)') = \bigvee_{\tau \in T} ((g,\tau)'', (g,\tau)'),$$

$$((m,\nu)', (m,\nu)'') = \bigwedge_{\tau \in T} ((m,\tau)', (m,\tau)'').$$

Diese Folgerung liefert eine weitere Aussage:

Folgerung 3. *Ist $U(L)$ eine $\bigvee$-Basis von L, so ist jeder L-Fuzzy-Begriff als Supremum von Gegenstandsbegriffen bzw. als Infimum von Merkmalsbegriffen, die von einelementigen Fuzzy-Mengen $(g, \nu) \in G \times U(L)$ bzw. $(m, \lambda) \in M \times U(L)$ erzeugt werden, darstellbar.*

Ist $J(L)$ die Menge aller $\bigvee$-irreduziblen Elemente von L, so gilt:

Folgerung 4. *Jeder $\bigvee$-irreduzible Fuzzy-Begriff ist ein Gegenstandsbegriff, der von einer einelementigen Fuzzy-Menge $(g, \nu) \in G \times J(L)$ erzeugt wird. Jeder $\bigwedge$-irreduzible Fuzzy-Begriff ist ein Merkmalsbegriff, der von einer einelementigen Fuzzy-Menge $(m, \nu) \in M \times J(L)$ erzeugt wird.*

Es soll nun gezeigt werden, daß die Fuzzy-Kontexte eine Verallgemeinerung der einwertigen Kontexte darstellen. Die klassische Logik kann als Spezialfall mehrwertiger Logik aufgefaßt werden, indem als Quasiwahrheitswerte nur die Werte 0 und 1 zugelassen werden. Es sei L_0 die (eindeutig bestimmte) L-Fuzzy-Algebra mit der Trägermenge $\{0, 1\}$. Dann stimmen die Operationen

$\wedge$, $\vee$ und $\to$ wegen (1) und (5) mit den entsprechenden Wahrheitswertfunktionen der klassischen Logik überein. Die Operation $\cdot$ fällt wegen (3) mit $\wedge$ zusammen. Die Zugehörigkeitsfunktion einer L_0-Fuzzy-Menge A besitzt den Wertebereich $\{0, 1\}$, ist also charakteristische Funktion einer scharfen Menge. Die Definitionen der Operationen $\cap$ und $\cup$ sowie der Inklusion $\subsetsim$ zwischen L_0-Fuzzy-Mengen stimmen mit denen der entsprechenden Operationen und der Inklusion $\subseteq$ für scharfe Mengen überein. Eine L_0-Fuzzy-Relation zwischen $X_1, ..., X_n$ ist eine (scharfe) Teilmenge von $X = X_1 \times ... \times X_n$, d. h. eine gewöhnliche Relation.

L_0-Fuzzy-Kontexte sind daher einwertige Kontexte. Ferner gilt für jede Menge $B \subseteq M$

$$\begin{aligned} B' &= \{g \in G : \mu_{B'}(g) = 1\} \\ &= \{g \in G : \forall m \in M \;\; („m \in B\text{“} \to „g \text{ hat } m\text{“})\} \\ &= \{g \in G : \forall m \in B \;\; gIm\}. \end{aligned}$$

Analoges gilt für jede Menge $A \subseteq G$. Die Operatoren $'$ stimmen also mit denen im entsprechenden einwertigen Kontext überein. Fuzzy-Kontexte und Fuzzy-Begriffsverbände stellen also eine Verallgemeinerung der einwertigen Kontexte und ihrer Begriffsverbände dar.

2.2 „Doppelte Skalierung“ von Fuzzy-Kontexten

Jeder Fuzzy-Begriffsverband ist in natürlicher Weise zum Begriffsverband eines einwertigen Kontextes isomorph. Dieser Zusammenhang zwischen Fuzzy-Kontexten und einwertigen Kontexten kann zum Beispiel ausgenutzt werden, um Fuzzy-Begriffsverbände mit Hilfe der Computerprogramme für einwertige Kontexte (wie [4]) zu berechnen. Zum anderen kann jeder Fuzzy-Kontext als mehrwertiger Kontext aufgefaßt werden. Durch geeignete Skalierung ergibt sich ein einwertiger Kontext, dessen Begriffsverband Unterhalbverband des Fuzzy-Begriffsverbandes ist.

Im folgenden wird die Abkürzung

$$A_* := \{(g, \nu) : g \in G,\ \nu \in L,\ \nu \le \mu_A(g)\}$$

für jedes $A \subsetsim G$ verwendet, womit $A_* \subseteq G_* = G \times L$ gilt. Weiterhin sei (für jedes $A \subseteq G_*$) $A_\diamond$ die durch

$$\mu_{A_\diamond}(g) := \bigvee\{\nu : (g, \nu) \in A\}$$

charakterisierte Fuzzy-Teilmenge von G. Für $B \underset{\sim}{\subseteq} M$ bzw. $B \subseteq M_*$ werden die Bezeichnungen B_* bzw. $B_\diamond$ in analoger Weise erklärt. Für jede Fuzzy-Relation R zwischen G und M sei $I_R \subseteq G_* \times M_*$ die durch

$$(g,\nu)I_R(m,\lambda) \quad :\Longleftrightarrow \quad \nu \cdot \lambda \leq \mu_R(g,m)$$
$$(\quad \overset{Ł}{\Longleftrightarrow} \quad \nu \dot{+} \lambda - 1 \leq \mu_R(g,m) \quad)$$

definierte binäre Relation zwischen G_* und M_*.

Der einwertige Kontext (G_*, M_*, I_R) geht somit durch „doppelte Skalierung" aus dem Fuzzy-Kontext (G, M, R) hervor, und es gilt die folgende Aussage:

Satz 2.1. $\underline{\mathfrak{B}}(G,M,R) \cong \underline{\mathfrak{B}}(G_*,M_*,I_R)$.

Beweis. Es soll gezeigt werden, daß die behauptete Isomorphie durch

$$\varphi : \underline{\mathfrak{B}}(G,M,R) \to \underline{\mathfrak{B}}(G_*,M_*,I_R) \quad \text{mit} \quad \varphi(A,B) := (A_*,B_*)$$

bewirkt wird. Die Abbildung

$$\psi : \underline{\mathfrak{B}}(G_*,M_*,I_R) \to \underline{\mathfrak{B}}(G,M,R) \quad \text{mit} \quad \psi(A,B) := (A_\diamond,B_\diamond)$$

wird sich als die zu φ inverse Abbildung erweisen.

Für den Beweis des Satzes genügt es also, die folgenden Aussagen zu verifizieren:

$$\varphi(A,B) \in \underline{\mathfrak{B}}(G_*,M_*,I_R) \quad \text{für jedes} \quad (A,B) \in \underline{\mathfrak{B}}(G,M,R), \tag{I}$$
$$\psi(A,B) \in \underline{\mathfrak{B}}(G,M,R) \quad \text{für jedes} \quad (A,B) \in \underline{\mathfrak{B}}(G_*,M_*,I_R), \tag{II}$$
$$\psi\varphi(A,B) = (A,B) \quad \text{für jedes} \quad (A,B) \in \underline{\mathfrak{B}}(G,M,R), \tag{III}$$
$$\varphi\psi(A,B) = (A,B) \quad \text{für jedes} \quad (A,B) \in \underline{\mathfrak{B}}(G_*,M_*,I_R), \tag{IV}$$
$$(A_1,B_1) \leq (A_2,B_2) \Longleftrightarrow \varphi(A_1,B_1) \leq \varphi(A_2,B_2)$$
$$\text{für alle} \quad (A_1,B_1),(A_2,B_2) \in \underline{\mathfrak{B}}(G,M,R). \tag{V}$$

(I): Ist $(A,B) \in \underline{\mathfrak{B}}(G,M,R)$, d. h. $\varphi(A,B) = (A_*,B_*)$, so gilt

$$\begin{aligned}
(A_*)' &= \{(m,\lambda) \in M_* : \forall (g,\nu) \in A_* \ (g,\nu)I_R(m,\lambda)\} \\
&= \{(m,\lambda) \in M_* : \forall g \in G \ \forall \nu \leq \mu_A(g) \ \lambda \cdot \nu \leq \mu_R(g,m)\} \\
&= \{(m,\lambda) \in M_* : \forall g \in G \ \lambda \cdot \mu_A(g) \leq \mu_R(g,m)\} \quad \text{(wegen (2))} \\
&= \left\{(m,\lambda) \in M_* : \lambda \leq \bigwedge_{g \in G} (\mu_A(g) \to \mu_R(g,m))\right\} \quad \text{(wegen (3),(1))} \\
&= \{(m,\lambda) : m \in M, \lambda \leq \mu_{A'}(m)\} \\
&= (A')_* \\
&= B_* \qquad \text{(wegen } A' = B\text{)}
\end{aligned}$$

und analog $(B_*)' = A_*$, d. h. $(A_*, B_*) \in \underline{\mathfrak{B}}(G_*, M_*, I_R)$.

(II): Ist $(A, B) \in \underline{\mathfrak{B}}(G_*, M_*, I_R)$, d. h. $\psi(A, B) = (A_\diamond, B_\diamond)$, so gilt

$$\begin{aligned}
\mu_{(A_\diamond)'}(m) &= \bigwedge_{g \in G} (\mu_{A_\diamond}(g) \to \mu_R(g, m)) \\
&= \bigwedge_{g \in G} \Big(\bigvee \{\nu : (g, \nu) \in A\} \to \mu_R(g, m) \Big) \\
&= \bigwedge \{\nu \to \mu_R(g, m) : (g, \nu) \in A\} && \text{(wegen (12))} \\
&= \bigvee \{\lambda \in L : \forall (g, \nu) \in A \;\; \lambda \leq \nu \to \mu_R(g, m)\} && \text{(wegen (1))} \\
&= \bigvee \{\lambda : \forall (g, \nu) \in A \;\; (g, \nu) I_R (m, \lambda)\} && \text{(wegen (3))} \\
&= \bigvee \{\lambda : (m, \lambda) \in A'\} \\
&= \mu_{(A')_\diamond}(m)
\end{aligned}$$

für jedes $m \in M$. Also gilt $(A_\diamond)' = (A')_\diamond = B_\diamond$ (wegen $A' = B$) und analog $(B_\diamond)' = A_\diamond$, d. h. $(A_\diamond, B_\diamond) \in \underline{\mathfrak{B}}(G, M, R)$.

(III): Für jedes $(A, B) \in \underline{\mathfrak{B}}(G, M, R)$ wird $A_{*\diamond}$ durch

$$\begin{aligned}
\mu_{A_{*\diamond}}(g) &= \bigvee \{\nu : (g, \nu) \in A_*\} \\
&= \bigvee \{\nu \in L : \nu \leq \mu_A(g)\} \\
&= \mu_A(g)
\end{aligned}$$

charakterisiert, d. h., es gilt $A_{*\diamond} = A$ und analog $B_{*\diamond} = B$. Also gilt $\psi\varphi(A, B) = (A, B)$.

(IV): Für jedes $(A, B) \in \underline{\mathfrak{B}}(G_*, M_*, I_R)$ gilt $A = B'$ und somit

$$\begin{aligned}
\mu_{A_\diamond}(g) &= \mu_{(B')_\diamond}(g) \\
&= \bigvee \{\nu : (g, \nu) \in B'\} \\
&= \bigvee \{\nu \in L : \forall (m, \lambda) \in B \;\; (g, \nu) I_R (m, \lambda)\} \\
&= \bigvee \{\nu \in L : \forall (m, \lambda) \in B \;\; \nu \leq \lambda \to \mu_R(g, m)\} \\
&= \bigwedge_{(m, \lambda) \in B} (\lambda \to \mu_R(g, m)),
\end{aligned}$$

woraus

$$\begin{aligned}
A_{\diamond *} &= \{(g, \nu) : g \in G, \; \nu \in L, \; \nu \leq \mu_{A_\diamond}(g)\} \\
&= \{(g, \nu) : g \in G, \; \nu \in L, \; \forall (m, \lambda) \in B \;\; \nu \leq \lambda \to \mu_R(g, m)\} \\
&= \{(g, \nu) : \forall (m, \lambda) \in B \;\; (g, \nu) I_R (m, \lambda)\} \\
&= B' = A
\end{aligned}$$

folgt. Also gilt $A_{\diamond *} = A$ und analog $B_{\diamond *} = B$, d. h. $\varphi\psi(A, B) = (A, B)$.

(V): Für alle $(A_1, B_1), (A_2, B_2) \in \underline{\mathfrak{B}}(G, M, R)$ gilt

$$\begin{aligned}
(A_1, B_1) \leq (A_2, B_2) &\iff A_1 \subsetsim A_2 \\
&\iff \mu_{A_1}(g) \leq \mu_{A_2}(g) \text{ für jedes } g \in G \\
&\iff \{(g, \nu) : g \in G,\ \nu \in L,\ \nu \leq \mu_{A_1}(g)\} \\
&\qquad \subseteq \{(g, \nu) : g \in G,\ \nu \in L,\ \nu \leq \mu_{A_2}(g)\} \\
&\iff (A_1)_* \subseteq (A_2)_* \\
&\iff \varphi(A_1, B_1) \leq \varphi(A_2, B_2) \qquad \text{(wegen (I))}.
\end{aligned}$$

□

Bemerkung. Da jede Zeile $(g, 0)$ und jede Spalte $(m, 0)$ (für alle $g \in G$ und $m \in M$) im einwertigen Kontext (G_*, M_*, I_R) nur Kreuze enthält, gilt

$$\underline{\mathfrak{B}}(G_*, M_*, I_R) \cong \underline{\mathfrak{B}}(G \times (L \setminus \{0\}), M \times (L \setminus \{0\}), I_R \setminus ((G \times \{0\}) \times (M \times \{0\}))).$$

Die Struktur des Begriffsverbandes von (G_*, M_*, I_R) bleibt also unverändert, wenn diese Zeilen und Spalten weggelassen werden.

Für Fuzzy-Kontexte gilt der folgende Hauptsatz:

Satz 2.2 (Hauptsatz über Begriffsverbände von Fuzzy-Kontexten). *Für jeden Fuzzy-Kontext (G, M, R) ist $\underline{\mathfrak{B}}(G, M, R)$ ein vollständiger Verband, der Fuzzy-Begriffsverband von (G,M,R), in dem Infimum und Supremum wie folgt beschrieben werden können:*

$$\begin{aligned}
\bigwedge_{t \in T} (A_t, B_t) &= \left(\bigcap_{t \in T} A_t, \left(\bigcup_{t \in T} B_t \right)'' \right), \\
\bigvee_{t \in T} (A_t, B_t) &= \left(\left(\bigcup_{t \in T} A_t \right)'', \bigcap_{t \in T} B_t \right).
\end{aligned}$$

Der vollständige Verband V ist genau dann isomorph zu $\underline{\mathfrak{B}}(G, M, R)$, wenn es Abbildungen $\gamma : G_* \to V$ und $\mu : M_* \to V$ gibt, so daß γG_* supremum-dicht und μM_* infimum-dicht in V sind und

$$\gamma(g, \nu) \leq \mu(m, \lambda) \iff \nu \cdot \lambda \leq \mu_R(g, m) \quad (\iff (g, \nu) I_R (m, \lambda) \ )$$

für alle $g \in G$, $m \in M$, $\nu, \lambda \in L$ gilt.

(Vgl. Satz 1.1 für den Fall der in [18] behandelten Formalen Begriffsanalyse.)

Beweis. Der erste Teil des Satzes ist der Inhalt der Folgerung zu Hilfssatz 2.2. Nach Satz 2.1 gilt

$$\underline{\mathfrak{B}}(G, M, R) \cong \underline{\mathfrak{B}}(G_*, M_*, I_R)$$

und somit

$$V \cong \underline{\mathfrak{B}}(G, M, R) \iff V \cong \underline{\mathfrak{B}}(G_*, M_*, I_R).$$

Die zweite Behauptung folgt daher unmittelbar aus Satz 1.1.

□

Bemerkung. Die Folgerung zu Hilfssatz 2.2 ergibt sich unter Anwendung von Satz 2.1 ebenfalls unmittelbar aus Satz 1.1.

Jeder Fuzzy-Kontext (in Tabellendarstellung) kann als mehrwertiger Kontext aufgefaßt werden. Satz 2.1 führt dann zu folgender Aussage:

Satz 2.3. *Wird ein Fuzzy-Kontext als mehrwertiger Kontext aufgefaßt und werden seine Merkmale bzw. Gegenstände L-skaliert (bezüglich der Skala $(L, L, \geq)$), so ist der zugehörige Begriffsverband zu demjenigen $\bigvee$- bzw. $\bigwedge$-Unterhalbverband des Fuzzy-Begriffsverbandes isomorph, der von scharfen Gegenstands- bzw. Merkmalsmengen erzeugt wird.*

Beweis. Jeder Fuzzy-Kontext (G, M, R) kann als mehrwertiger Kontext (G, M, L, I) mit

$$m(g) = l \iff (g, m, l) \in I :\iff l = \mu_R(g, m)$$

interpretiert werden. Durch schlichte Skalierung der Merkmale bezüglich der Skala $(L, L, \leq)$ ergibt sich daraus der abgeleitete Kontext (G, M_*, J) mit

$$gJ(m, \lambda) :\iff m(g) \geq \lambda \ (\iff \mu_R(g, m) \geq \lambda).$$

Wird $(g, 1)$ anstelle von g für jedes $g \in G$ und J_* für die entsprechende Relation geschrieben, so erhält man den Kontext $(G \times \{1\}, M_*, J_*)$ mit

$$G \times \{1\} \subseteq G_*,$$
$$J_* = I_R \ \cap \ ((G \times \{1\}) \times M_*).$$

Der Kontext $(G \times \{1\}, M_*, J_*)$ ist ein Teilkontext von (G_*, M_*, I_R), die Abbildung

$$\varphi : \underline{\mathfrak{B}}(G \times \{1\}, M_*, J_*) \to \underline{\mathfrak{B}}(G_*, M_*, I_R) \quad \text{mit} \quad \varphi(A, B) := (B', B)$$

ist nach [18], Hilfssatz 31, eine $\bigvee$-treue Ordnungseinbettung. Aus

$$\underline{\mathfrak{B}}(G, M, R) \cong \underline{\mathfrak{B}}(G_*, M_*, I_R) \qquad \text{(siehe Satz 2.1)}$$

folgt somit für die Merkmalsskalierung die Behauptung. Für die Gegenstandsskalierung verläuft der Beweis analog.

□

Als Beispiel soll ein Entscheidungsproblem untersucht werden. Bei der Auswahl von Getriebelagern treten Klassifizierungen auf, die durch Fuzzy-Begriffe dargestellt werden können. Zum Beispiel sind Fahrzeuggetriebelager durch die Merkmale „niedriger Preis“, „leichte Verfügbarkeit“ und „geringes Geräusch“ gekennzeichnet, an Merkmale wie „Belastbarkeit“, „Bauraum“, „Montage“ werden normale Ansprüche gestellt, die Lebensdauer hingegen darf gering sein. In Fahrzeuggetriebe werden daher fast ausschließlich Rillenkugellager (RKL) und Nadellager (NL) eingebaut, in Ausnahmefällen kommen noch Zylinderrollenlager (ZRL) und zweireihige Kugellager (2KL) in Betracht. Der Fuzzy-Begriff „Fahrzeuggetriebelager“ kann demzufolge als Einheit des Begriffsumfanges

$$\{(\mathrm{RKL}, 1), (\mathrm{NL}, 1), (\mathrm{ZRL}, \tfrac{1}{2}), (\mathrm{2KL}, \tfrac{1}{2})\}$$

und des Begriffsinhaltes

$$\{(\mathrm{Preis}, 1), (\mathrm{Verfügbarkeit}, 1), (\mathrm{Geräusch}, 1),$$
$$(\mathrm{Belastbarkeit}, \tfrac{1}{2}), (\mathrm{Bauraum}, \tfrac{1}{2}), (\mathrm{Montage}, \tfrac{1}{2}), (\mathrm{Lebensdauer}, 0)\}$$

verstanden werden.

Zur Erprobung eines Entscheidungshilfeprogrammes (siehe [46]) wird in [48] (bzw. [47]) ein Problem aus dem Konstruktionsbereich behandelt, bei dem Experten eine von zehn Lagerarten für eine vorgegebene Getriebewelle auszuwählen hatten. Dabei tritt zunächst der in Abbildung 2.3 (mit vertauschten Rollen der Zeilen und Spalten) dargestellte mehrwertige Kontext auf, der als Gegenstände die zehn in Frage kommenden Lagerarten (Alternativen), als Merkmale zehn entscheidungsrelevante Attribute und als Werte die Ausprägungen (Bewertungen) dieser Attribute enthält. Von mehreren Gruppen von Konstrukteuren wurden mit Hilfe des Entscheidungshilfesystems (unter Gewichtung der betrachteten Attribute) Rangreihen ermittelt, an deren erster Stelle vier verschiedene Lagerarten standen: Rillenkugellager, Zylinderrollenlager, Pendelrollenlager oder Kegelrollenlager.

Zum mehrwertigen Kontext in Abbildung 2.3 kann durch ordinale Merkmalsskalierung ein Begriffsverband berechnet werden. Unter Beachtung der von den Experten vorgenommenen Gewichtungen ist eine Vorauswahl im Begriffsverband möglich, die eine genauere Untersuchung gerade der mit dem Entscheidungshilfesystem in die engere Wahl gezogenen vier Lagerarten nahelegt. Dazu kann einerseits der entsprechende Teilkontext des obigen mehrwertigen Kontextes ordinal merkmalsskaliert werden, womit sich der in Abbildung 2.4 dargestellte Begriffsverband ergibt.

Andererseits kann aber auch der in Abbildung 2.5 angegebene L-Fuzzy-Kontext (wobei L die der dreiwertigen LUKASIEWICZ-Logik entsprechende

	Rillen-kugel-lager (RKL)	2reihiges Rillen-kugel-lager (2RKL)	Schräg-kugel-lager (SKL)	Vier-punkt-lager (4PL)	Pendel-kugel-lager (PKL)	Zylinder-rollen-lager (ZRL)	vollrolliges Zylin-derrollen-lager (vZRL)	Pendel-rollen-lager (PRL)	Axial-pendel-rollen-lager (APRL)	Kegel-rollen-lager (KRL)
Belastbarkeit radial	normal (2)	hoch (1)	normal (2)	normal (2)	normal (2)	hoch (1)	hoch (1)	hoch (1)	niedrig (3)	hoch (1)
Belastbarkeit axial	normal (2)	niedrig (3)	hoch (1)	hoch (1)	niedrig (3)	niedrig (3)	niedrig (3)	niedrig (3)	hoch (1)	hoch (1)
Lebensdauer-erwartung	normal (2)	normal (2)	normal (2)	normal (2)	niedrig (3)	hoch (1)	hoch (1)	hoch (1)	normal (2)	hoch (1)
Bauraum	normal (2)	hoch (3)	normal (2)	normal (2)	hoch (3)	normal (2)	gering (1)	hoch (3)	sehr hoch (4)	normal (2)
Führungs-genauigkeit	gering (3)	gering (3)	gering (3)	gering (3)	gering (3)	hoch (1)	hoch (1)	hoch (1)	gering (3)	hoch (1)
Geräusche	gering (1)	hoch (3)	gering (1)	gering (1)	normal (2)	normal (2)	hoch (3)	hoch (3)	hoch (3)	normal (2)
Fluchtungs-fehler-ausgleich	normal (2)	kein/sehr gering (4)	normal (2)	normal (2)	hoch (1)	gering (3)	ger ing (3)	hoch (1)	hoch (1)	gering (3)
Montage, Demontage	normal (2)	aufwendig (3)	einfach (1)	einfach (1)	normal (2)	einfach (1)	aufwendig (3)	aufwendig (3)	einfach (1)	einfach (1)
Preis	niedrig (1)	normal (2)	normal (2)	hoch (3)	hoch (3)	normal (2)	hoch (3)	hoch (3)	sehr hoch (4)	hoch (3)
Verfüg-barkeit	leicht (1)	normal (2)	normal (2)	schlecht (3)	schlecht (3)	normal (2)	schlecht (3)	normal (2)	sehr schlecht (4)	normal (2)

Abb. 2.3. Gesamtkontext „Lager"

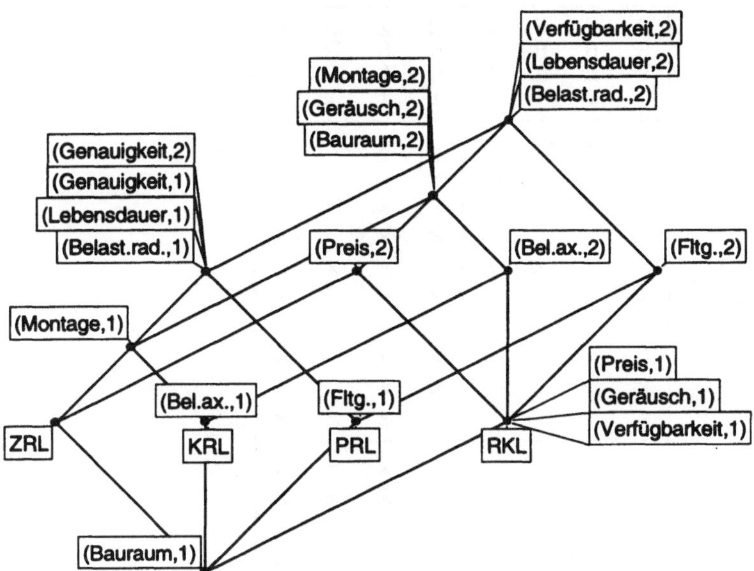

Abb. 2.4. Begriffsverband zum mehrwertigen Kontext „Lager"

	RKL	ZRL	PRL	KRL
Belast. radial	$\frac{1}{2}$	1	1	1
Belast. axial	$\frac{1}{2}$	0	0	1
Lebensdauer	$\frac{1}{2}$	1	1	1
Bauraum	$\frac{1}{2}$	$\frac{1}{2}$	0	$\frac{1}{2}$
Genauigkeit	0	1	1	1
Geräusch	1	$\frac{1}{2}$	0	$\frac{1}{2}$
Fluchtung	$\frac{1}{2}$	0	1	0
Montage	$\frac{1}{2}$	1	0	1
Preis	1	$\frac{1}{2}$	0	0
Verfügbarkeit	1	$\frac{1}{2}$	$\frac{1}{2}$	$\frac{1}{2}$

Abb. 2.5. Fuzzy-Kontext „Lager"

L-Fuzzy-Algebra ist) betrachtet werden. Wird dieser Fuzzy-Kontext unter Verwendung von Satz 2.1 „doppelt skaliert", so entsteht der in Abbildung 2.6 dargestellte einwertige Kontext. Der zugehörige Fuzzy-Begriffsverband kann dann zum Beispiel mit Hilfe des Computerprogrammes [4] berechnet werden. In Abbildung 2.7 ist dieser Fuzzy-Begriffsverband in einem gestuften Liniendiagramm (siehe [18], Seiten 75-79) dargestellt. Zur Erhöhung der Übersichtlichkeit gegenüber einem gewöhnlichen Liniendiagramm werden beim gestuften Liniendiagramm parallele Linien zwischen (Teilen von) gleichen Dia-

	RKL 1	ZRL 1	PRL 1	KRL 1	RKL $\frac{1}{2}$	ZRL $\frac{1}{2}$	PRL $\frac{1}{2}$	KRL $\frac{1}{2}$
(Belast. radial, 1)		×	×	×	×	×	×	×
(Belast. axial, 1)				×	×			×
(Lebensdauer, 1)		×	×	×	×	×	×	×
(Bauraum, 1)					×	×		×
(Genauigkeit, 1)		×	×	×		×	×	×
(Geräusch, 1)	×				×	×		×
(Fluchtung, 1)			×		×		×	
(Montage, 1)		×		×	×	×		×
(Preis, 1)	×				×	×		
(Verfügbarkeit, 1)	×				×	×	×	×
(Belast. radial, $\frac{1}{2}$)	×	×	×	×	×	×	×	×
(Belast. axial, $\frac{1}{2}$)	×			×	×	×	×	×
(Lebensdauer, $\frac{1}{2}$)	×	×	×	×	×	×	×	×
(Bauraum, $\frac{1}{2}$)	×	×		×	×	×	×	×
(Genauigkeit, $\frac{1}{2}$)		×	×	×	×	×	×	×
(Geräusch, $\frac{1}{2}$)	×	×		×	×	×	×	×
(Fluchtung, $\frac{1}{2}$)	×		×		×	×	×	×
(Montage, $\frac{1}{2}$)	×	×		×	×	×	×	×
(Preis, $\frac{1}{2}$)	×	×			×	×	×	×
(Verfügbarkeit, $\frac{1}{2}$)	×	×	×	×	×	×	×	×

Abb. 2.6. Durch „doppelte Skalierung“ abgeleiteter Kontext zum Fuzzy-Kontext „Lager“

grammausschnitten weggelassen. Diese Teile von gleichen Ausschnitten werden durch Rahmen zusammengefaßt, die parallelen Verbindungslinien werden jeweils durch eine die Rahmen verbindende Linie ersetzt.

Den Gewichtungen der einzelnen Attribute entsprechen geeignete Zugehörigkeitswerte der Merkmale, die vom Experten so zu wählen sind, daß der von dieser Merkmalsmenge erzeugte Begriff einen Gegenstand enthält. Ist dies nicht der Fall, so muß die Merkmalsmenge verkleinert werden, die Forderungen an die Attribute sind also abzuschwächen. Enthält der Begriff mehrere Gegenstände, so kann die Auswahl unter diesen durch Hinzuziehen zusätzlicher Forderungen an die Merkmale erfolgen. Diese Schritte werden im Begriffsverband des Fuzzy-Kontextes dadurch erleichtert, daß der Begriffsumfang nicht nur diejenigen Lager (mit dem Zugehörigkeitswert 1), welche die geforderten Eigenschaften besitzen, sondern außerdem die Lager mit dem Zu-

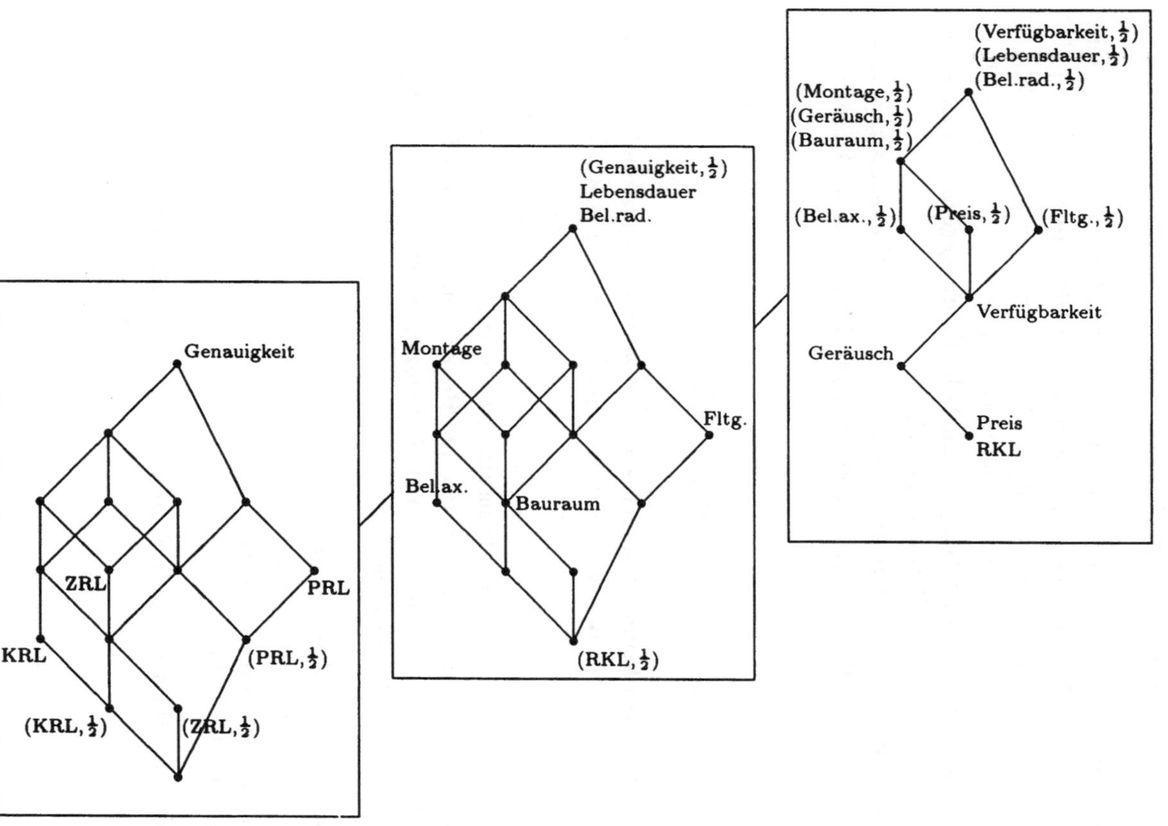

Abb. 2.7. Begriffsverband zum Fuzzy-Kontext „Lager“

gehörigkeitswert $\frac{1}{2}$ enthält, die in ihren Merkmalen maximal um „eine Stufe" von den geforderten abweichen.

Zum Beispiel ist der Begriffsumfang des von $\{(\text{Preis}, 1)\}$ erzeugten Fuzzy-Begriffes die Fuzzy-Menge

$$\{(\text{Rillenkugellager}, 1), (\text{Zylinderrollenlager}, \tfrac{1}{2})\}.$$

Das Rillenkugellager ist also die einzige Alternative mit einem niedrigen Preis, während das Zylinderrollenlager (im Gegensatz zu allen übrigen Lagern) dieser Eigenschaft in dem Sinne nahekommt, daß es einen normalen (und keinen hohen) Preis hat. Werden also weitere Merkmale gefordert, die das Rillenkugellager ausschließen (zum Beispiel eine hohe Führungsgenauigkeit), so ist das Zylinderrollenlager in Betracht zu ziehen.

Auf diese Weise kann der Begriffsverband des Fuzzy-Kontextes gegenüber dem des entsprechenden skalierten mehrwertigen Kontextes die Auswahl des Experten erleichtern.

2.3 Das Reduzieren von Fuzzy-Kontexten

In Fuzzy-Kontexten können (ähnlich wie in einwertigen Kontexten) im allgemeinen Zeilen oder Spalten weggelassen werden, ohne daß sich die Struktur der zugehörigen Fuzzy-Begriffsverbände ändert. So kann das Bereinigen und Reduzieren von Kontexten für Fuzzy-Kontexte verallgemeinert werden. Dabei erweist es sich als günstig, als zusätzlichen Schritt das strenge Bereinigen einzuführen. Das (strenge) Bereinigen und Reduzieren von Fuzzy-Kontexten kann wiederum auf das Bereinigen und Reduzieren geeigneter einwertiger Kontexte zurückgeführt werden.

Die im weiteren für Zeilen angegebenen Definitionen und Aussagen können für Spalten analog formuliert und bewiesen werden. Dabei werden Zeilen und Spalten stets mit dem zugehörigen Gegenstand bzw. Merkmal bezeichnet.

Zunächst gilt die folgende Aussage:

Hilfssatz 2.5. *Wird in einem Fuzzy-Kontext (G, M, R) eine Zeile h mit der Eigenschaft*

$$\exists A \subsetneqq G \setminus \{h\} \;\; A' = h'$$

weggelassen, so ändert sich die Struktur des zugehörigen Fuzzy-Begriffsverbandes nicht.

Beweis. Die Struktur eines Fuzzy-Begriffsverbandes kann durch die geordnete Menge aller Begriffsinhalte charakterisiert werden. Die Fuzzy-Menge $B \underset{\sim}{\subseteq} M$ ist genau dann ein Begriffsinhalt von (G, M, R) bzw. von

$$\mathbb{K} := (G \setminus \{h\}, M, R \cap ((G \setminus \{h\}) \times M)),$$

wenn es eine Fuzzy-Menge $C \underset{\sim}{\subseteq} G$ bzw. eine Fuzzy-Menge $C \underset{\sim}{\subseteq} G \setminus \{h\}$ mit der Eigenschaft $C' = B$ gibt. Somit ist jeder Begriffsinhalt von $\mathbb{K}$ auch Begriffsinhalt von (G, M, R).

$B \underset{\sim}{\subseteq} M$ sei ein Begriffsinhalt von (G, M, R), für $C \underset{\sim}{\subseteq} G$ gelte $C' = B$, und $A \underset{\sim}{\subseteq} G \setminus \{h\}$ besitze die Eigenschaft $A' = h'$. Dann muß

$$\begin{aligned}
B &= C' \\
&= ((C \setminus \{h\}) \cup (h, \mu_C(h)))' \\
&= (C \setminus \{h\})' \cap (h, \mu_C(h))' && \text{(wegen Hilfssatz 2.2)} \\
&= (C \setminus \{h\})' \cap (\mu_C(h) \cdot A)' && \text{(wegen (14))} \\
&= ((C \setminus \{h\}) \cup (\mu_C(h) \cdot A))' && \text{(wegen Hilfssatz 2.2)}
\end{aligned}$$

gelten.[2] Da

$$(C \setminus \{h\}) \cup (\mu_C(h) \cdot A) \underset{\sim}{\subseteq} G \setminus \{h\}$$

gilt, ist B also auch Begriffsinhalt von $\mathbb{K}$.

□

Werden in einem Fuzzy-Kontext von paarweise identischen Zeilen jeweils alle bis auf eine weggelassen, so bleibt die Struktur des zugehörigen Fuzzy-Begriffsverbandes (nach Hilfssatz 2.5) unverändert. Ein Fuzzy-Kontext wird bezüglich der Zeilen *bereinigt*, indem die Zeile h gestrichen wird, wenn die Aussage

$$\exists k \in G \setminus \{h\} \;\; k' = h',$$

d. h.

$$\exists k \in G \setminus \{h\} \;\; \forall m \in M \;\; \mu_R(k, m) = \mu_R(h, m)$$

wahr ist. Ein Fuzzy-Kontext ist genau dann bezüglich der Zeilen *bereinigt*, wenn

$$\forall g, h \in G \;\; g' = h' \Longrightarrow g = h$$

(vgl. [18] für den Fall der dort behandelten Formalen Begriffsanalyse), d. h.

---

[2] $C \setminus \{h\} := C \cap (G \setminus \{h\})$

$$\forall g, h \in G \ (\forall m \in M \ \ \mu_R(g,m) = \mu_R(h,m)) \Longrightarrow g = h$$

gilt. Zu jedem Fuzzy-Kontext gibt es einen (bis auf Vertauschen von Zeilen oder Spalten) eindeutig bestimmten bereinigten Kontext.

Durch Bereinigen des in Abbildung 2.8 dargestellten L-Fuzzy-Kontextes (G, M, R) (wobei L die zur dreiwertigen LUKASIEWICZ-Logik gehörige L-Fuzzy-Algebra ist) ergibt sich der Fuzzy-Kontext in Abbildung 2.9, weil gilt:

$$\forall m \in M \ \ \mu_R(g_1, m) = \mu_R(g_4, m).$$

	m_1	m_2	m_3	m_4
g_1	$\frac{1}{2}$	0	$\frac{1}{2}$	0
g_2	$\frac{1}{2}$	$\frac{1}{2}$	1	$\frac{1}{2}$
g_3	$\frac{1}{2}$	1	1	$\frac{1}{2}$
g_4	$\frac{1}{2}$	0	$\frac{1}{2}$	0

Abb. 2.8. Fuzzy-Kontext „Reduzieren 1“

	m_1	m_2	m_3	m_4
g_1	$\frac{1}{2}$	0	$\frac{1}{2}$	0
g_2	$\frac{1}{2}$	$\frac{1}{2}$	1	$\frac{1}{2}$
g_3	$\frac{1}{2}$	1	1	$\frac{1}{2}$

Abb. 2.9. Bereinigter Fuzzy-Kontext „Reduzieren 1“

Ein Fuzzy-Kontext wird bezüglich der Zeilen *streng bereinigt*, indem die Zeile h gestrichen wird, wenn sie der Bedingung

$$\exists k \in G \setminus \{h\} \ \exists \nu \in L \ \ (k, \nu)' = h',$$

d. h.

$$\exists k \in G \setminus \{h\} \ \exists \nu \in L \ \forall m \in M \ \ \nu \to \mu_R(k,m) = \mu_R(h,m)$$

genügt. Hilfssatz 2.5 beinhaltet, daß der zugehörige Fuzzy-Begriffsverband dabei unverändert bleibt. Das Bereinigen ist ein Spezialfall des strengen Bereinigens (mit $\nu = 1$). Einen einwertigen Kontext (bezüglich der Zeilen) streng zu bereinigen, bedeutet, ihn zu bereinigen und alle Zeilen wegzulassen, die nur Kreuze enthalten, da $0 \to \mu_R(k,m) = 1$ für jedes $m \in M$ gilt.

Definition 2.3. *Ein Fuzzy-Kontext ist genau dann bezüglich der Zeilen* streng bereinigt, *wenn gilt:*

$$\forall g, h \in G \;\; \forall \nu \in L \;\; (g, \nu)' = h' \Longrightarrow g = h.$$

Jeder streng bereinigte Fuzzy-Kontext ist bereinigt. Zu jedem Fuzzy-Kontext (G, M, R) mit endlichen Mengen G und M gibt es einen (bis auf Vertauschen von Zeilen oder Spalten) eindeutig bestimmten streng bereinigten Kontext.

Aufgrund der Gültigkeit der Aussage

$$\forall g \in G \;\; \tfrac{1}{2} \to \mu_R(g, m_4) = \mu_R(g, m_3)$$

ergibt sich durch strenges Bereinigen des obigen Fuzzy-Kontextes der in Abbildung 2.10 dargestellte Fuzzy-Kontext.

	m_1	m_2	m_4
g_1	$\frac{1}{2}$	0	0
g_2	$\frac{1}{2}$	$\frac{1}{2}$	$\frac{1}{2}$
g_3	$\frac{1}{2}$	1	$\frac{1}{2}$

Abb. 2.10. Streng bereinigter Fuzzy-Kontext „Reduzieren 1“

Ein Fuzzy-Kontext wird bezüglich der Zeilen *reduziert*, indem die Zeile h gestrichen wird, wenn die Aussage

$$\exists A \precsim G \setminus \{h\} \;\; A' = h',$$

d. h.

$$\exists A \precsim G \setminus \{h\} \;\; \forall m \in M \;\; \bigwedge_{g \in G} (\mu_A(g) \to \mu_R(g, m)) = \mu_R(h, m)$$

wahr ist. Die Zeile h ist dann *reduzibel.* Nach Hilfssatz 2.5 bleibt auch beim Reduzieren von Fuzzy-Kontexten die Struktur der zugehörigen Fuzzy-Begriffsverbände gleich. Das strenge Bereinigen ist ein Spezialfall des Reduzierens (mit $A = (k, \nu)$).

Definition 2.4. *Ein Fuzzy-Kontext ist genau dann bezüglich der Zeilen* reduziert, *wenn gilt:*

$$\forall A \precsim G \;\; \forall g \in G \;\; A' = g' \Longrightarrow \mu_A(g) \neq 0.$$

Für (bereinigte) einwertige Kontexte (als L_0-Fuzzy-Kontexte) ist dies äquivalent zu Definition 24 in [18].

Jeder reduzierte Fuzzy-Kontext ist streng bereinigt. Im allgemeinen gibt es (bezüglich derselben L-Fuzzy-Algebra) verschiedene reduzierte L-Fuzzy-Kontexte, deren Fuzzy-Begriffsverbände isomorph sind.

Durch Reduzieren des obigen Fuzzy-Kontextes erhält man den Fuzzy-Kontext in Abbildung 2.11, weil die Aussagen

$$\forall g \in G \quad \mu_R(g, m_1) \wedge \mu_R(g, m_2) = \mu_R(g, m_4)$$

und

$$\forall m \in M \quad (\tfrac{1}{2} \rightarrow \mu_R(g_1, m)) \wedge \mu_R(g_3, m) = \mu_R(g_2, m)$$

gelten und keine der übrigen Zeilen oder Spalten weggelassen werden kann. Der zugehörige Fuzzy-Begriffsverband ist in Abbildung 2.12 dargestellt.

	m_1	m_2
g_1	$\frac{1}{2}$	0
g_3	$\frac{1}{2}$	1

Abb. 2.11. Reduzierter Fuzzy-Kontext „Reduzieren 1“

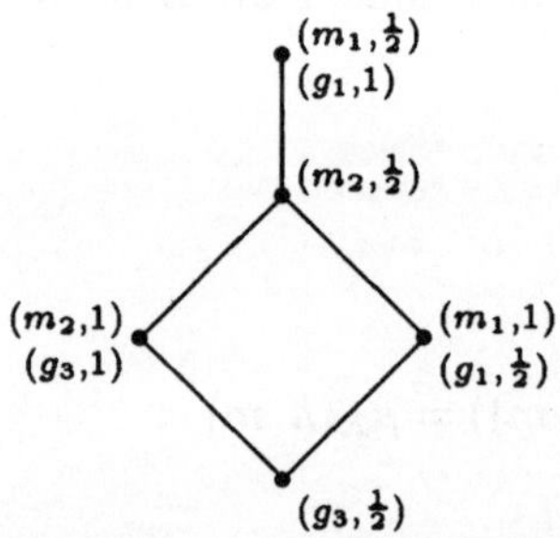

Abb. 2.12. Begriffsverband zum Fuzzy-Kontext „Reduzieren 1“

Der L-Fuzzy-Kontext in Abbildung 2.13 (wobei L wiederum die zur dreiwertigen ŁUKASIEWICZ-Logik gehörige L-Fuzzy-Algebra sei) ist bereits reduziert. In Abbildung 2.14 ist der zugehörige Fuzzy-Begriffsverband dargestellt. Somit sind die Fuzzy-Kontexte in den Abbildungen 2.11 und 2.13 voneinander verschiedene reduzierte L-Fuzzy-Kontexte (mit gleicher L-Fuzzy-Algebra L), deren Fuzzy-Begriffsverbände isomorph sind (siehe Abbildungen 2.12 und 2.14).

	m_1	m_2	m_3
g_1	$\frac{1}{2}$	$\frac{1}{2}$	$\frac{1}{2}$
g_2	$\frac{1}{2}$	1	1
g_3	1	$\frac{1}{2}$	1

Abb. 2.13. Reduzierter Fuzzy-Kontext „Reduzieren 2“

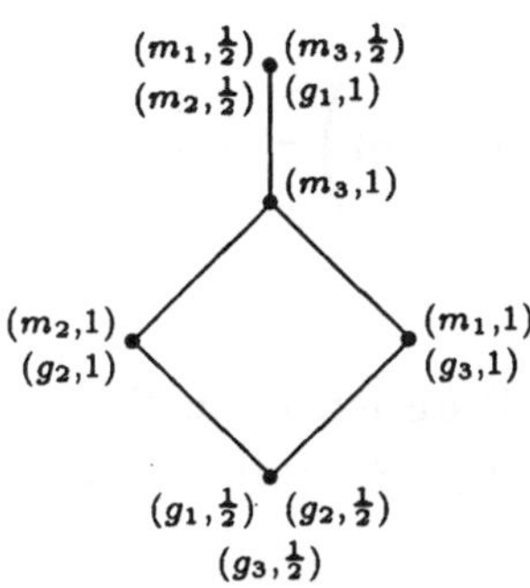

Abb. 2.14. Begriffsverband zum Fuzzy-Kontext „Reduzieren 2“

Der folgende Hilfssatz führt zu Aussagen, die für das strenge Bereinigen und das Reduzieren von Fuzzy-Kontexten von Nutzen sein können.

Hilfssatz 2.6. *Gilt $B \underset{\sim}{\subseteq} M$ und $K \subseteq G$, so sind die Aussagen*

$$\exists A \underset{\sim}{\subseteq} K \quad A' = B,$$
$$(K \cap B')' = B$$

in (G, M, R) äquivalent.

Beweis. Für jede Fuzzy-Menge $A \underset{\sim}{\subseteq} K \subseteq G$ gilt

$$A \underset{\sim}{\subseteq} K \cap A'' \underset{\sim}{\subseteq} A''$$

und somit $(K \cap A'')' = A'$ wegen Hilfssatz 2.1, so daß $(K \cap B')' = B$ aus $A' = B$ folgt. Umgekehrt gilt $K \cap B' \underset{\sim}{\subseteq} K$, womit die Behauptung bewiesen ist.

□

Für $K := \{k\}$ liefern Hilfssatz 2.6 und die Definition der Ableitungsoperatoren für Fuzzy-Kontexte:

Folgerung 1. *Für alle $h, k \in G$ sind die Aussagen*

$$\exists \nu \in L \quad (k, \nu)' = h',$$
$$(k, \mu_{h''}(k))' = h',$$
$$\forall m \in M \quad \bigwedge_{n \in M} (\mu_R(h,n) \to \mu_R(k,n)) \to \mu_R(k,m) = \mu_R(h,m)$$

im Fuzzy-Kontext (G, M, R) paarweise äquivalent.

Für $K := G \setminus \{h\}$ ergibt sich:

Folgerung 2. *Für jedes $h \in G$ sind die Aussagen*

$\exists A \subsetneq G \setminus \{h\} \;\; A' = h'$,

$(h'' \setminus h)' = h'$,

$$\forall m \in M \quad \bigwedge_{k \in G\setminus\{h\}} \left(\bigwedge_{n \in M} (\mu_R(h,n) \to \mu_R(k,n)) \to \mu_R(k,m) \right) = \mu_R(h,m)$$

im Fuzzy-Kontext (G, M, R) paarweise äquivalent.[3]

Daher gibt es für das strenge Bereinigen und das Reduzieren von Fuzzy-Kontexten mit endlicher Gegenstands- und Merkmalsmenge endliche Algorithmen (unabhängig von der Mächtigkeit von L).

Das (strenge) Bereinigen und Reduzieren von Fuzzy-Kontexten ist auf das Bereinigen und Reduzieren einwertiger Kontexte zurückführbar. Dies soll am Beispiel des Fuzzy-Kontextes (G, M, R) in Abbildung 2.8 veranschaulicht werden.

Hilfssatz 2.7. *Beim Bereinigen des Fuzzy-Kontextes (G, M, R) kann die Zeile h genau dann gestrichen werden, wenn die Zeile $(h, 1)$ beim Bereinigen des Kontextes*

$$(G \times \{1\}, M_*, I_R \cap ((G \times \{1\}) \times M_*))$$

gestrichen werden kann. Die Zeile h kann genau dann beim strengen Bereinigen bzw. beim Reduzieren von (G, M, R) gestrichen werden, wenn die Zeile $(h, 1)$ im Kontext

$$\mathbb{K}_1 := ((G \setminus \{h\})_* \cup \{(h,1)\}, M_*, I_R \cap (((G \setminus \{h\})_* \cup \{(h,1)\}) \times M_*))$$

durch Bereinigen gestrichen werden kann bzw. reduzibel ist.

Beweis. Gilt $A' = h'$ für eine Fuzzy-Menge $A \subsetneq G \setminus \{h\}$ im Fuzzy-Kontext (G, M, R), so gilt nach dem Beweis von (I) zu Satz 2.1

$$(A_*)' = (A')_* = (h')_* = (h_*)'$$

in (G, M, R) bzw. (G_*, M_*, I_R). Da aus (2) und der Definition der Relation I_R die Gültigkeit der Aussage

[3] $h'' \setminus h := h'' \cap (G \setminus \{h\})$

$$(h,\nu)I_R(m,\lambda) \iff \forall\kappa \le \nu \ \ (h,\kappa)I_R(m,\lambda)$$

folgt, gilt $(h_*)' = (h,1)'$ in (G_*, M_*, I_R) und somit $(A_*)' = (h,1)'$ mit $A_* \subseteq (G\setminus\{h\})_*$.

Umgekehrt folgt nach dem Beweis von (II) zu Satz 2.1 für $A \subseteq (G\setminus\{h\})_*$ aus $A' = (h,1)'$ in (G_*, M_*, I_R)

$$(A_\circ)' = (A')_\circ = ((h,1)')_\circ = ((h,1)_\circ)'$$

in (G,M,R) bzw. (G_*, M_*, I_R) mit $A_\circ \subsetneqq G\setminus\{h\}$. Die Behauptung für das Reduzieren ist damit bewiesen.

Für jedes $A = (g,\nu) \subsetneqq G\setminus\{h\}$ gilt $(A_*)' = (g,\nu)'$ in (G_*, M_*, I_R), und für jedes $A = \{(g,\nu)\} \subsetneqq (G\setminus\{h\})_*$ gilt $(A_\circ)' = (g,\nu)'$ in (G,M,R), womit für das strenge Bereinigen unmittelbar und für das Bereinigen mit $\nu = 1$ die Behauptung folgt.

□

Bemerkung. Der Kontext

$$(G\times\{1\}, M_*, I_R \cap ((G\times\{1\})\times M_*))$$

ist zu dem Kontext, der sich durch L-Skalierung der Merkmale des mehrwertigen Kontextes (G,M,R) ergibt, isomorph (vgl. Beweis zu Satz 2.3).

Der Fuzzy-Kontext (G,M,R) kann also reduziert werden, indem Teilkontexte von (G_*, M_*, I_R) untersucht werden. Nach der Bemerkung zu Satz 2.1 können die Zeilen $(g,0)$ und $(m,0)$ für alle $g \in G$, $m \in M$ unberücksichtigt bleiben. Dafür ist jede Zeile g und jede Spalte m von (G,M,R), die nur Einsen enthält, beim strengen Bereinigen zu streichen, weil die zugehörigen Zeilen $(g,1)$ und Spalten $(m,1)$ des einwertigen Kontextes (G_*, M_*, I_R) nur Kreuze enthalten. Zum (strengen) Bereinigen und Reduzieren des Fuzzy-Kontextes in Abbildung 2.8 sind also Teilkontexte des einwertigen Kontextes in Abbildung 2.15 von Interesse.

Nach Hilfssatz 2.7 kann die Zeile g_4 (oder g_1) durch Bereinigen des Fuzzy-Kontextes (G,M,R) gestrichen werden, weil

$$(g_1,1)' = (g_4,1)'$$

im Kontext (G_*, M_*, I_R) und somit auch im Teilkontext

$$(G\times\{1\}, M_*, I_R \cap ((G\times\{1\})\times M_*))$$

gilt. Die Spalte m_3 kann durch strenges Bereinigen des (bereinigten) Fuzzy-Kontextes

	m_1 1	m_2 1	m_3 1	m_4 1	m_1 $\frac{1}{2}$	m_2 $\frac{1}{2}$	m_3 $\frac{1}{2}$	m_4 $\frac{1}{2}$
$(g_1,1)$					×		×	
$(g_2,1)$			×		×	×	×	×
$(g_3,1)$		×	×		×	×	×	×
$(g_4,1)$					×		×	
$(g_1,\frac{1}{2})$	×		×		×	×	×	×
$(g_2,\frac{1}{2})$	×	×	×	×	×	×	×	×
$(g_3,\frac{1}{2})$	×	×	×	×	×	×	×	×
$(g_4,\frac{1}{2})$	×		×		×	×	×	×

Abb. 2.15. Durch „doppelte Skalierung“ abgeleiteter Kontext zum Fuzzy-Kontext „Reduzieren 1“

$$(G \setminus \{g_4\}, M, R \cap ((G \setminus \{g_4\}) \times M))$$

(siehe Abbildung 2.9) weggelassen werden, weil

$$(m_2, \tfrac{1}{2})' = (m_3, 1)'$$

in dem in Abbildung 2.16 angegebenen Kontext gilt.

	m_1 1	m_2 1	m_3 1	m_4 1	m_1 $\frac{1}{2}$	m_2 $\frac{1}{2}$	m_4 $\frac{1}{2}$
$(g_1,1)$					×		
$(g_2,1)$			×		×	×	×
$(g_3,1)$		×	×		×	×	×
$(g_1,\frac{1}{2})$	×		×		×	×	×
$(g_2,\frac{1}{2})$	×	×	×	×	×	×	×
$(g_3,\frac{1}{2})$	×	×	×	×	×	×	×

Abb. 2.16. Strenges Bereinigen des Fuzzy-Kontextes „Reduzieren 1“ anhand des zugehörigen „doppelt skalierten“ Kontextes

In dem so streng bereinigten Fuzzy-Kontext (siehe Abbildung 2.10) sind nach Hilfssatz 2.7 die Spalte m_4 und die Zeile g_2 reduzibel, weil

$$(m_1, 1)' \cap (m_2, 1)' = (m_4, 1)'$$

in dem in Abbildung 2.17 dargestellten Kontext und

$$(g_1, \tfrac{1}{2})' \cap (g_3, 1)' = (g_2, 1)'$$

in dem in Abbildung 2.18 angegebenen Kontext gilt.

	m_1 1	m_2 1	m_4 1	m_1 $\frac{1}{2}$	m_2 $\frac{1}{2}$
$(g_1,1)$				×	
$(g_2,1)$				×	×
$(g_3,1)$		×		×	×
$(g_1,\frac{1}{2})$	×			×	×
$(g_2,\frac{1}{2})$	×	×	×	×	×
$(g_3,\frac{1}{2})$	×	×	×	×	×

Abb. 2.17. Reduzieren (erster Schritt) des Fuzzy-Kontextes „Reduzieren 1“ anhand des zugehörigen „doppelt skalierten“ Kontextes

	m_1 1	m_2 1	m_1 $\frac{1}{2}$	m_2 $\frac{1}{2}$
$(g_1,1)$			×	
$(g_2,1)$			×	×
$(g_3,1)$		×	×	×
$(g_1,\frac{1}{2})$	×		×	×
$(g_3,\frac{1}{2})$	×	×	×	×

Abb. 2.18. Reduzieren (zweiter Schritt) des Fuzzy-Kontextes „Reduzieren 1“ anhand des zugehörigen „doppelt skalierten“ Kontextes

Auf diese Weise erhält man ebenfalls den in Abbildung 2.11 dargestellten reduzierten Fuzzy-Kontext.

3. Fuzzy-wertige Kontexte

3.1 Grundlegende Definitionen und Aussagen

In der Umgangssprache werden Merkmale wie „Preis“, „Geschwindigkeit“, „Alter“ oder „Temperatur“ häufig nicht durch exakte Meßwerte, sondern durch Werte wie „teuer“, „sehr schnell“, „fast neu“ oder „warm“ bzw. „kalt“ angegeben, die sich durch L-Fuzzy-Mengen beschreiben lassen (siehe auch Abbildung 1.7). Daher sind mehrwertige Kontexte von Interesse, deren Werte L-Fuzzy-Mengen sind, deren Zugehörigkeitsfunktionen angeben, mit welchem Möglichkeitsgrad das jeweilige Merkmal die möglichen Ausprägungen annimmt. Für solche L-fuzzy-wertigen Kontexte können die grundlegenden Definitionen und Aussagen der Formalen Begriffsanalyse ähnlich formuliert werden wie für L-Fuzzy-Kontexte. Dabei ist zu beachten, daß „kleinere“ L-Fuzzy-Mengen „schärfere“ Informationen über die Ausprägung des jeweiligen Merkmals enthalten als „größere“, wodurch die Aussagen über L-fuzzy-wertige Kontexte im allgemeinen dann denen für L-Fuzzy-Kontexte entsprechen, wenn bezüglich der Merkmale die duale Ordnungsrelation eingesetzt wird.

Definition 3.1. *Ein* L-fuzzy-wertiger Kontext *(oder einfach ein* fuzzy-wertiger Kontext*) ist ein Quadrupel*

$$(G, M, U, I),$$

wobei G und M Mengen, U eine Menge von L-Fuzzy-Mengen über den Grundbereichen X_m $(m \in M)$ und I $(\subseteq G \times M \times U)$ eine dreistellige Relation zwischen G, M und U sind, so daß gilt:

aus $(g, m, u) \in I$ folgt, daß u eine Fuzzy-Menge über X_m ist, und

aus $(g, m, u) \in I$ und $(g, m, v) \in I$ folgt $u = v$.

Die Elemente von G heißen Gegenstände, *die von M* Merkmale *und die von U* Fuzzy-Werte[1] *(oder* Merkmalsausprägungen*).*

Dann kann $(g, m, u) \in I$ als „das Merkmal m hat für den Gegenstand g den Fuzzy-Wert u" gelesen werden. Die Merkmale können als partielle Abbildungen aus G in U verstanden werden, so daß auch

$$m(g) = u \quad \text{statt} \quad (g, m, u) \in I$$

geschrieben wird. Die Fuzzy-Mengen $m(g)$ sind durch ihre Zugehörigkeitsfunktionen

$$\mu_{m(g)} : X_m \to L$$

charakterisiert.

Auch fuzzy-wertige Kontexte können durch Tabellen dargestellt werden, in denen die Zeilen mit den Namen der Gegenstände, die Spalten mit den Namen der Merkmale bezeichnet sind. Der Eintrag in Zeile g und Spalte m ist dann der Fuzzy-Wert $m(g)$, d. h. eine Fuzzy-Menge.

In Abbildung 3.1 ist ein L-fuzzy-wertiger Kontext (wobei L die der LUKASIEWICZ-Logik entsprechende L-Fuzzy-Algebra sei) dargestellt. Es handelt sich hierbei um die in [11], Abschnitt VI, angegebene Relationstafel. Dort wird ein Fuzzy-Pattern-Matching-Problem behandelt, bei dem die von einem Fahrzeugkäufer geforderten gewichteten Merkmalsausprägungen mit denen angebotener Fahrzeuge verglichen werden, um das am besten geeignete Fahrzeug zu bestimmen. Die Gegenstände des fuzzy-wertigen Kontextes sind die zum Verkauf angebotenen Fahrzeuge, die Merkmalsausprägungen (wie zum Beispiel „sehr sparsamer", „ziemlich sparsamer" und „hoher" Benzinverbrauch in Abbildung 3.2) sind durch Fuzzy-Mengen charakterisierbar (siehe [11]).

Da durch die Fuzzy-Teilmengen-Relation eine Ordnungsrelation zwischen den Fuzzy-Werten definiert ist, können fuzzy-wertige Kontexte mittels geeigneter Ableitungsoperatoren direkt (d. h. ohne „Skalierung") bearbeitet werden. Es sei $B_m \subsetneq X_m$ $(m \in M)$. Für die Familie $B := (B_m : m \in M) \in \prod_{m \in M} \mathcal{F}(X_m)$ wird die Fuzzy-Menge B' durch

$$\begin{aligned} \mu_{B'}(g) &:= \text{tv } (\forall m \in M \text{ „}g \text{ hat } B_m\text{"}) \\ &= \text{tv } (\forall m \in M \text{ „}m(g) \underset{\sim}{\subseteq} B_m\text{"}) \\ &= \bigwedge_{m \in M} \bigwedge_{x \in X_m} (\mu_{m(g)}(x) \to \mu_{B_m}(x)) \end{aligned}$$

[1] In der Sprache der Theorie unscharfer Mengen werden auch die Bezeichnungen „linguistische Variable" für die Merkmale und „linguistische Werte" für die Fuzzy-Werte verwendet.

	Alter	Preis	Verbrauch	Geschwindigkeit
F1	neu	teuer	sparsam	ziemlich schnell
F2	weniger als 3 J.	etwa 45000	ziemlich sparsam	180-200
F3	fast neu	zwischen 50000 und 60000	hoch	schnell
F4	etwa 5 Jahre	weniger als 20000	8-9	180
F5	5-10	etwa 10000	hoch	ziemlich schnell
F6	alt	billig	sparsam	nicht sehr schnell
F7	neu	32000-40000	sehr sparsam	zwischen 140 und 160

Abb. 3.1. Fuzzy-wertiger Kontext aus [11]

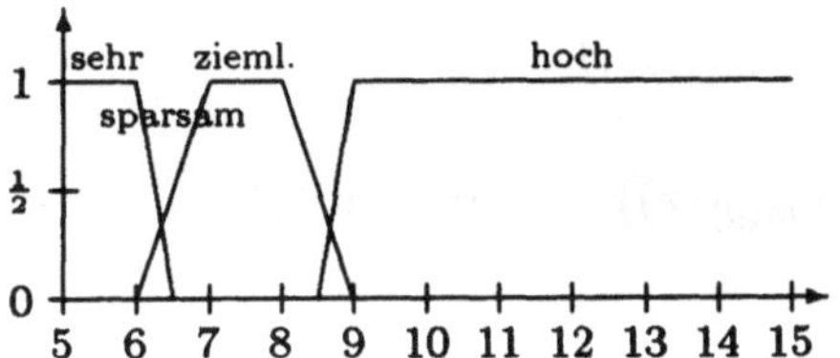

Abb. 3.2. Zugehörigkeitsfunktionen von Fuzzy-Mengen aus [11]

definiert. Für $A \underset{\sim}{\subseteq} G$ wird die Familie

$$A' := (A'_m : m \in M)$$

von Fuzzy-Mengen durch

$$\begin{aligned} A'_m &:= \bigcap \{C_m \underset{\sim}{\subseteq} X_m : \text{tv}\,(\forall g \in G\,(\text{„}g \in A\text{“} \to \text{„}g \text{ hat } C_m\text{“})) = 1\} \\ &= \bigcap \left\{ C_m \underset{\sim}{\subseteq} X_m : \bigwedge_{g \in G} (\mu_A(g) \to \bigwedge_{x \in X_m} (\mu_{m(g)}(x) \to \mu_{C_m}(x))) = 1 \right\} \end{aligned}$$

definiert.

Hilfssatz 3.1. *Die Fuzzy-Menge A'_m hat die Zugehörigkeitsfunktion*

$$\mu_{A'_m}(x) = \bigvee_{g \in G} (\mu_A(g) \cdot \mu_{m(g)}(x)) \qquad (x \in X_m).$$

Beweis. Die folgenden Aussagen sind paarweise äquivalent:

$$\bigwedge_{g\in G}\left(\mu_A(g)\rightarrow\bigwedge_{x\in X_m}(\mu_{m(g)}(x)\rightarrow\mu_{C_m}(x))\right)=1,$$

$$\mu_A(g)\leq\bigwedge_{x\in X_m}(\mu_{m(g)}(x)\rightarrow\mu_{C_m}(x))\ \text{ für jedes }\ g\in G \qquad \text{(wegen (1),(5))},$$

$$\mu_A(g)\cdot\mu_{m(g)}(x)\leq\mu_{C_m}(x)\ \text{ für alle }\ g\in G, x\in X_m \qquad \text{(wegen (1),(3))},$$

$$\bigvee_{g\in G}(\mu_A(g)\cdot\mu_{m(g)}(x))\leq\mu_{C_m}(x)\ \text{ für jedes }\ x\in X_m \qquad \text{(wegen (1))}.$$

□

Hilfssatz 3.2. *Für jedes $\nu\in L$, jede Fuzzy-Menge $A\subsetsim G$ und jede Familie $B\in\prod_{m\in M}\mathcal{F}(X_m)$ gilt*

$$(\nu\cdot A)'=\nu\cdot A', \tag{15}$$

$$(\nu\rightarrow B)'=\nu\rightarrow B'. \tag{16}$$

Beweis. (15): Es gilt

$$\begin{aligned}\mu_{(\nu\cdot A)'}(x) &= \bigvee_{g\in G}((\nu\cdot\mu_A(g))\cdot\mu_{m(g)}(x))\\ &= \nu\cdot\bigvee_{g\in G}(\mu_A(g)\cdot\mu_{m(g)}(x)) \qquad \text{(wegen (2))}\\ &= \mu_{\nu\cdot A'}(x).\end{aligned}$$

(16): Es gilt

$$\begin{aligned}\mu_{(\nu\rightarrow B)'}(g) &= \bigwedge_{m\in M}\bigwedge_{x\in X_m}(\mu_{m(g)}(x)\rightarrow(\nu\rightarrow\mu_{B_m}(x)))\\ &= \nu\rightarrow\bigwedge_{m\in M}\bigwedge_{x\in X_m}(\mu_{m(g)}(x)\rightarrow\mu_{B_m}(x)) \qquad \text{(wegen (4),(12))}\\ &= \mu_{\nu\rightarrow B'}(g).\end{aligned}$$

□

Hilfssatz 3.3. *Die Operatoren $'$ definieren eine gemischte*[2] GALOIS-*Verbindung zwischen dem direkten Produkt $\prod_{m\in M}\mathcal{F}(X_m)$ der Fuzzy-Teilmengen-Verbände über den Grundbereichen $X_m (m\in M)$ und dem Verband $\mathcal{F}(G)$ der Fuzzy-Teilmengen von G, d. h., die Operatoren $''$ sind ein Kernoperator in $\prod_{m\in M}\mathcal{F}(X_m)$ und ein Hüllenoperator in $\mathcal{F}(G)$.*

[2] Eine *gemischte Galois-Verbindung* (oder ein *adjungiertes Paar*) erhält man aus einer gewöhnlichen Galois-Verbindung bzw. umgekehrt, indem man bei einer der geordneten Mengen (hier: $\prod_{m\in M}\mathcal{F}(X_m)$) zur dualen Ordnung übergeht.

Beweis. Es genügt zu zeigen, daß für alle Fuzzy-Mengen $A, A_1, A_2 \in \mathcal{F}(G)$ und alle Familien $B, B_1, B_2 \in \prod_{m\in M} \mathcal{F}(X_m)$ von Fuzzy-Mengen die folgenden Aussagen gelten:

$$A_1 \subsetapprox A_2 \implies A_1' \subsetapprox A_2', \tag{I}$$
$$B_1 \subsetapprox B_2 \implies B_1' \subsetapprox B_2', \tag{II}$$
$$A \subsetapprox A'', \tag{III}$$
$$B \supsetapprox B''. \tag{IV}$$

(I): $A_1 \subsetapprox A_2$ gilt nach Definition genau dann, wenn die Aussage

$$\mu_{A_1}(g) \le \mu_{A_2}(g) \quad \text{für jedes} \quad g \in G$$

gilt. Diese impliziert wegen (2)

$$\mu_{A_1}(g) \cdot \mu_{m(g)}(x) \le \mu_{A_2}(g) \cdot \mu_{m(g)}(x) \quad \text{für alle} \quad g \in G, m \in M, x \in X_m$$

und wegen (1)

$$\bigvee_{g\in G} (\mu_{A_1}(g) \cdot \mu_{m(g)}(x)) \le \bigvee_{g\in G} (\mu_{A_2}(g) \cdot \mu_{m(g)}(x)) \quad \text{für alle} \quad m \in M, x \in X_m.$$

Letzteres ist äquivalent zu

$$\mu_{(A_1')_m}(x) \le \mu_{(A_2')_m}(x) \quad \text{für alle} \quad m \in M, x \in X_m,$$

d. h. zu $A_1' \subsetapprox A_2'$.

(II): $B_1 \subsetapprox B_2$ gilt nach Definition genau dann, wenn die Aussage

$$\mu_{(B_1)_m}(x) \le \mu_{(B_2)_m}(x) \quad \text{für alle} \quad m \in M, x \in X_m$$

gilt. Diese impliziert wegen (6)

$$\mu_{m(g)}(x) \to \mu_{(B_1)_m}(x) \le \mu_{m(g)}(x) \to \mu_{(B_2)_m}(x)$$
$$\text{für alle} \quad g \in G, m \in M, x \in X_m$$

und wegen (1)

$$\bigwedge_{m\in M} \bigwedge_{x\in X_m} (\mu_{m(g)}(x) \to \mu_{(B_1)_m}(x)) \le \bigwedge_{m\in M} \bigwedge_{x\in X_m} (\mu_{m(g)}(x) \to \mu_{(B_2)_m}(x))$$
$$\text{für jedes} \quad g \in G.$$

Letzteres ist äquivalent zu

$$\mu_{B_1'}(g) \le \mu_{B_2'}(g) \quad \text{für jedes} \quad g \in G,$$

d. h. zu $B_1' \subsetneqq B_2'$.

(III): A'' wird durch die Zugehörigkeitsfunktion

$$\mu_{A''}(g) = \bigwedge_{m \in M} \bigwedge_{x \in X_m} \left(\mu_{m(g)}(x) \to \bigvee_{h \in G} (\mu_A(h) \cdot \mu_{m(h)}(x)) \right) \quad \text{für jedes } g \in G$$

charakterisiert. Aus

$$\mu_A(g) \cdot \mu_{m(g)}(x) \leq \mu_A(g) \cdot \mu_{m(g)}(x)$$

folgt wegen (3)

$$\mu_A(g) \leq \mu_{m(g)}(x) \to (\mu_A(g) \cdot \mu_{m(g)}(x)).$$

Es gilt also wegen (1) und (6)

$$\mu_A(g) \leq \mu_{m(g)}(x) \to \bigvee_{h \in G} (\mu_A(h) \cdot \mu_{m(h)}(x)) \quad \text{für alle } g \in G, m \in M, x \in X_m$$

und somit

$$\mu_A(g) \leq \mu_{A''}(g) \quad \text{für jedes } g \in G,$$

d. h. $A \subsetneqq A''$.

(IV): $B'' = (B''_m : m \in M)$ wird durch die Zugehörigkeitsfunktionen

$$\mu_{B''_m}(x) = \bigvee_{g \in G} \left(\bigwedge_{n \in M} \bigwedge_{y \in X_n} (\mu_{n(g)}(y) \to \mu_{B_n}(y)) \cdot \mu_{m(g)}(x) \right) \quad \text{für alle } m \in M, x \in X_m$$

charakterisiert. Aus

$$\mu_{m(g)}(x) \to \mu_{B_m}(x) \leq \mu_{m(g)}(x) \to \mu_{B_m}(x)$$

folgt wegen (3)

$$(\mu_{m(g)}(x) \to \mu_{B_m}(x)) \cdot \mu_{m(g)}(x) \leq \mu_{B_m}(x).$$

Es gilt also wegen (1) und (2)

$$\bigwedge_{n \in M} \bigwedge_{y \in X_n} (\mu_{n(g)}(y) \to \mu_{B_n}(y)) \cdot \mu_{m(g)}(x) \leq \mu_{B_m}(x) \quad \text{für alle } m \in M, x \in X_m, g \in G$$

und somit

$$\mu_{B''_m}(x) \leq \mu_{B_m}(x) \quad \text{für alle } m \in M, x \in X_m,$$

d. h. $B \supsetneqq B''$.

□

Dieser Hilfssatz ermöglicht die folgende Definition:

Definition 3.2. *Ein* L-Fuzzy-Begriff *(oder einfach ein* Fuzzy-Begriff*) des L-fuzzy-wertigen Kontextes* (G, M, U, I) *ist ein Paar* (A, B) *mit*

$$\begin{aligned} &A \lesssim G, \quad B_m \lesssim X_m \ (m \in M), \quad B = (B_m : m \in M), \\ &A' = B, \quad B' = A. \end{aligned}$$

Damit gilt für jeden Fuzzy-Begriff von (G, M, U, I)

$$(A, B) = (A'', A') = (B', B'').$$

Die Fuzzy-Menge A ist der *Umfang*, die Familie B von Fuzzy-Mengen B_m $(m \in M)$ ist der *Inhalt* des Fuzzy-Begriffes (A, B). Eine Ordnungsrelation (die „Unterbegriff-Oberbegriff"-Relation) zwischen Fuzzy-Begriffen von (G, M, U, I) wird durch

$$(A_1, B_1) \leq (A_2, B_2) :\Longleftrightarrow A_1 \lesssim A_2 \quad (\Longleftrightarrow B_1 \lesssim B_2)$$

definiert. Die Menge aller Fuzzy-Begriffe von (G, M, U, I) wird im weiteren mit $\mathcal{B}(G, M, U, I)$ und die geordnete Menge $(\mathcal{B}(G, M, U, I), \leq)$ mit $\underline{\mathcal{B}}(G, M, U, I)$ bezeichnet.

Für jede Menge $\{B_t = ((B_t)_m : m \in M) \in \prod_{m \in M} \mathcal{F}(X_m) : t \in T\}$ von Familien von Fuzzy-Mengen wird $\bigcup_{t \in T} B_t := (\bigcup_{t \in T} (B_t)_m : m \in M)$ und $\bigcap_{t \in T} B_t := (\bigcap_{t \in T} (B_t)_m : m \in M)$ definiert. Damit gilt die folgende Aussage:

Hilfssatz 3.4. *Für jede Menge* $\{A_t \in \mathcal{F}(G) : t \in T\}$ *von Fuzzy-Mengen und jede Menge* $\{B_t \in \prod_{m \in M} \mathcal{F}(X_m) : t \in T\}$ *von Familien von Fuzzy-Mengen gilt*

$$\left(\bigcup_{t \in T} A_t\right)' = \bigcup_{t \in T} A_t',$$

$$\left(\bigcap_{t \in T} B_t\right)' = \bigcap_{t \in T} B_t'.$$

Beweis. Es gilt

$$\begin{aligned} \mu_{(\bigcup_{t \in T} A_t)'_m}(x) &= \bigvee_{g \in G} \left(\bigvee_{t \in T} \mu_{A_t}(g) \cdot \mu_{m(g)}(x) \right) \\ &= \bigvee_{t \in T} \bigvee_{g \in G} (\mu_{A_t}(g) \cdot \mu_{m(g)}(x)) \qquad \text{(wegen (2))} \\ &= \mu_{(\bigcup_{t \in T} A_t')_m}(x) \end{aligned}$$

für alle $m \in M$, $x \in X_m$ und

$$\begin{aligned}
\mu_{(\bigcap_{t\in T} B_t)'}(g) &= \bigwedge_{m\in M}\bigwedge_{x\in X_m}\left(\mu_{m(g)}(x) \to \bigwedge_{t\in T}\mu_{(B_t)_m}(x)\right)\\
&= \bigwedge_{t\in T}\bigwedge_{m\in M}\bigwedge_{x\in X_m}(\mu_{m(g)}(x) \to \mu_{(B_t)_m}(x)) \qquad \text{(wegen (12))}\\
&= \mu_{\bigcap_{t\in T} B_t'}(g)
\end{aligned}$$

für jedes $g \in G$.

□

Satz 3.1. *Es sei (G, M, U, I) ein L-fuzzy-wertiger Kontext. Dann ist $\underline{\mathfrak{B}}(G, M, U, I)$ ein vollständiger Verband, der (L-)*Fuzzy-Begriffsverband *von (G, M, U, I), in dem Infimum und Supremum in folgender Weise beschrieben werden können:*

$$\bigwedge_{t\in T}(A_t, B_t) = \left(\bigcap_{t\in T} A_t, \left(\bigcap_{t\in T} B_t\right)''\right),$$

$$\bigvee_{t\in T}(A_t, B_t) = \left(\left(\bigcup_{t\in T} A_t\right)'', \bigcup_{t\in T} B_t\right).$$

Beweis. (vgl. [18], Satz 3) Für jedes $t \in T$ gilt $A_t = B_t'$ und $A_t' = B_t$. Damit kann $(\bigcap_{t\in T} A_t, (\bigcap_{t\in T} B_t)'')$ bzw. $((\bigcup_{t\in T} A_t)'', \bigcup_{t\in T} B_t)$ wegen Hilfssatz 3.4 umgeformt werden zu $((\bigcap_{t\in T} B_t)', (\bigcap_{t\in T} B_t)'')$ bzw. $((\bigcup_{t\in T} A_t)'', (\bigcup_{t\in T} A_t)')$, d. h., beides sind Fuzzy-Begriffe. Dabei handelt es sich um den größten gemeinsamen Unterbegriff bzw. den kleinsten gemeinsamen Oberbegriff der Fuzzy-Begriffe (A_t, B_t), da der Umfang von ersterem gerade der Durchschnitt der Umfänge der (A_t, B_t) und der Inhalt von letzterem gerade die Vereinigung der Inhalte der (A_t, B_t) ist, d. h., $\underline{\mathfrak{B}}(G, M, U, I)$ ist ein vollständiger Verband.

□

Im folgenden wird ein Fuzzy-Begriff $(B', B'') \in \underline{\mathfrak{B}}(G, M, U, I)$, der von einer Familie $B = (B_n : n \in M)$ mit

$$B_n = \begin{cases} \nu \cdot m(g), & \text{wenn } n = m,\\ X_n & \text{sonst}\end{cases}$$

$(\nu \in L,\ g \in G)$ erzeugt wird, *Merkmalsgrundbegriff* (*zum Merkmal m*) genannt. Die Familie B wird dann auch mit $(m(g), \nu)$ bezeichnet. Ein von einer

Familie $B = (B_n : n \in M)$ mit

$$B_n = \begin{cases} \bigcup_{g \in G}(\nu_g \cdot m(g)), & \text{wenn } n = m, \\ X_n & \text{sonst} \end{cases}$$

($\nu_g \in L$) erzeugter Fuzzy-Begriff wird *Merkmalsbegriff (zum Merkmal m)* genannt. Für die Familie B wird in diesem Fall auch $\bigcup_{g \in G}(m(g), \nu_g)$ geschrieben. Die *Gegenstandsbegriffe* für fuzzy-wertige Kontexte werden wie die für Fuzzy-Kontexte definiert (vgl. Abschnitt 2.1).

Die folgenden Überlegungen sind für eine übersichtliche Bezeichnung der Fuzzy-Begriffe im Verbandsdiagramm nützlich:

Hilfssatz 3.5. *Für Fuzzy-Mengen $A = \bigcup_{t \in T} A_t$ und Familien $B = \bigcap_{t \in T} B_t$ von Fuzzy-Mengen gilt*

$$(A'', A') = \bigvee_{t \in T} (A_t'', A_t'),$$

$$(B', B'') = \bigwedge_{t \in T} (B_t', B_t'').$$

Diese Aussage folgt unmittelbar aus Hilfssatz 3.4 und Satz 3.1 (vgl. Hilfssatz 2.4).

Folgerung 1. *Jeder Fuzzy-Begriff $(A, B) \in \underline{\mathfrak{B}}(G, M, U, I)$ ist als Supremum von Gegenstandsbegriffen und als Infimum von Merkmalsbegriffen darstellbar:*

$$(A, B) = (A'', A') = \bigvee_{g \in G} ((g, \mu_A(g))'', (g, \mu_A(g))'),$$

$$(A, B) = (B', B'') = \bigwedge_{m \in M} \left(\left(\bigcup_{g \in G} (m(g), \mu_A(g)) \right)', \left(\bigcup_{g \in G} (m(g), \mu_A(g)) \right)'' \right).$$

Beweis. Ist $(A, B) \in \underline{\mathfrak{B}}(G, M, U, I)$ ein Fuzzy-Begriff, so gilt $B = A'$ und $A'_m = \bigcup_{g \in G}(\mu_A(g) \cdot m(g))$ für jedes $m \in M$. Also gilt für die Familie $B = (B_m : m \in M) \in \prod_{m \in M} \mathcal{F}(X_m)$ bei obiger Bezeichnungsweise $B = \bigcap_{m \in M} \bigcup_{g \in G}(m(g), \mu_A(g))$.

Für jede Fuzzy-Menge $A \in \mathcal{F}(G)$ gilt $A = \bigcup_{g \in G}(g, \mu_A(g))$. Die Behauptung folgt somit aus Hilfssatz 3.5.

□

Es genügt also, im Diagramm des Fuzzy-Begriffsverbandes die Gegenstandsbegriffe durch die erzeugenden einelementigen Fuzzy-Mengen und die Merkmalsbegriffe zu jedem $m \in M$ durch die (m-ten Komponenten der) erzeugenden Familien zu bezeichnen. Inhalt und Umfang eines Fuzzy-Begriffes lassen sich dann wie im Diagramm eines üblichen Begriffsverbandes ablesen, d. h., zu jedem Fuzzy-Begriff gehören die darunterstehenden Gegenstände und die darüberstehenden Merkmalsausprägungen. Der Begriffsumfang ist die Vereinigung der darunterstehenden einelementigen Fuzzy-Mengen von Gegenständen, der Begriffsinhalt der Durchschnitt der darüberstehenden Familien von Fuzzy-Mengen (Merkmalsausprägungen).

Aufgrund von Satz 3.1 und Folgerung 1 zu Hilfssatz 3.5 ist der Begriffsinhalt jedes Fuzzy-Begriffes die Vereinigung der Begriffsinhalte der im Diagramm darunterstehenden Gegenstandsbegriffe. Dies kann beim Beschriften der Diagramme ausgenutzt werden.

In Anlehnung an den fuzzy-wertigen Kontext in Abbildung 3.1 (dessen Fuzzy-Begriffsverband hier nicht befriedigend dargestellt werden kann) soll der in Abbildung 3.3 dargestellte L-fuzzy-wertige Kontext betrachtet werden. L

	Verbrauch	Geschwindigkeit
F1	ziemlich hoch	schnell
F2	8-10 l/ 100 km	ziemlich schnell
F3	mindestens 8 l/100 km	nicht ganz so schnell wie F2
F4	mindestens 8 l/100 km	schnell

Abb. 3.3. Fuzzy-wertiger Kontext „Fahrzeuge“

sei die der dreiwertigen LUKASIEWICZ-Logik entsprechende L-Fuzzy-Algebra. Die im fuzzy-wertigen Kontext auftretenden (Fuzzy-)Werte können als Fuzzy-Mengen interpretiert werden, die durch ihre Zugehörigkeitsfunktionen wie in Abbildung 3.4 charakterisiert werden. Der zugehörige Fuzzy-Begriffsverband ist in Abbildung 3.5 dargestellt.

Die in Abbildung 3.5 auftretenden Zugehörigkeitsfunktionen können wie in Abbildung 3.6 wieder durch die im fuzzy-wertigen Kontext vorkommenden Bezeichnungen der Fuzzy-Werte ersetzt werden. Dabei ist jedoch zu beachten, daß hier zum Beispiel die Fuzzy-Werte „8-10 l/100 km oder ziemlich hoher Benzinverbrauch“ und „mindestens 8 l/100 km“ übereinstimmen. In Abbil-

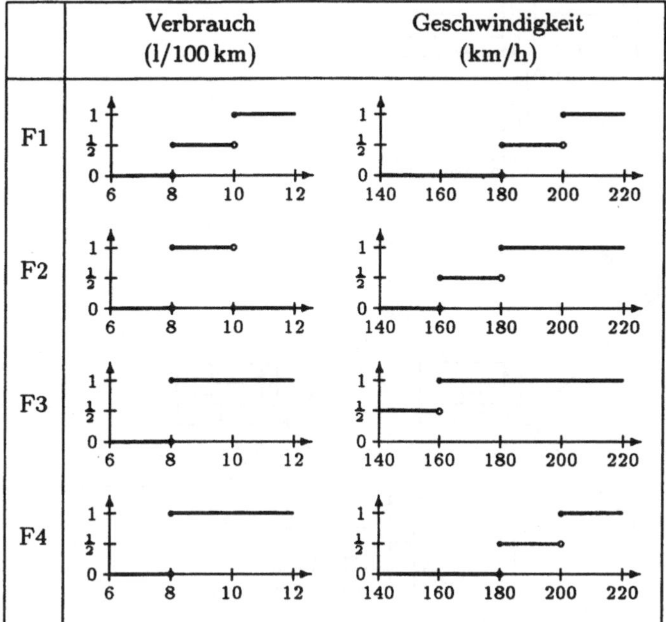

Abb. 3.4. Fuzzy-wertiger Kontext „Fahrzeuge" (Darstellung mit Zugehörigkeitsfunktionen)

dung 3.6 kann beispielsweise der durch „schnell" (und „F4") bezeichnete Begriff wie folgt gedeutet werden: Zum Begriffsinhalt gehören die Merkmale „schnell" und „mindestens 8 l/100 km". Der Wert „mindestens 8 l/100 km" steht im Liniendiagramm des Begriffsverbandes oberhalb von „schnell". Also hat jedes schnelle Fahrzeug des betrachteten Kontextes einen Verbrauch von mindestens 8 l/100 km. Zum Begriffsumfang gehören die Fahrzeuge (Gegenstände) F1 und F4 (mit dem Zugehörigkeitswert 1) und F2 mit dem Zugehörigkeitswert $\frac{1}{2}$. Also haben F1 und F4 die Merkmale „schnell" und „mindestens 8 l/100 km", während Geschwindigkeit und Verbrauch von F2 insofern „nur wenig" von „schnell" und „mindestens 8 l/100 km" abweichen als die Zugehörigkeitsfunktionen der die Geschwindigkeit und den Verbrauch von F2 beschreibenden Fuzzy-Mengen zwar für bestimmte Verbrauchs- oder Geschwindigkeitswerte oberhalb der von „schnell" oder „mindestens 8 l/100 km" liegen, die Differenz der Zugehörigkeitswerte an diesen Stellen jedoch maximal $\frac{1}{2}$ beträgt.

Für Gegenstandsbegriffe liefert Hilfssatz 3.5 außerdem die folgenden (zu den Folgerungen 2, 3 und 4 zu Hilfssatz 2.4 analogen) Aussagen:

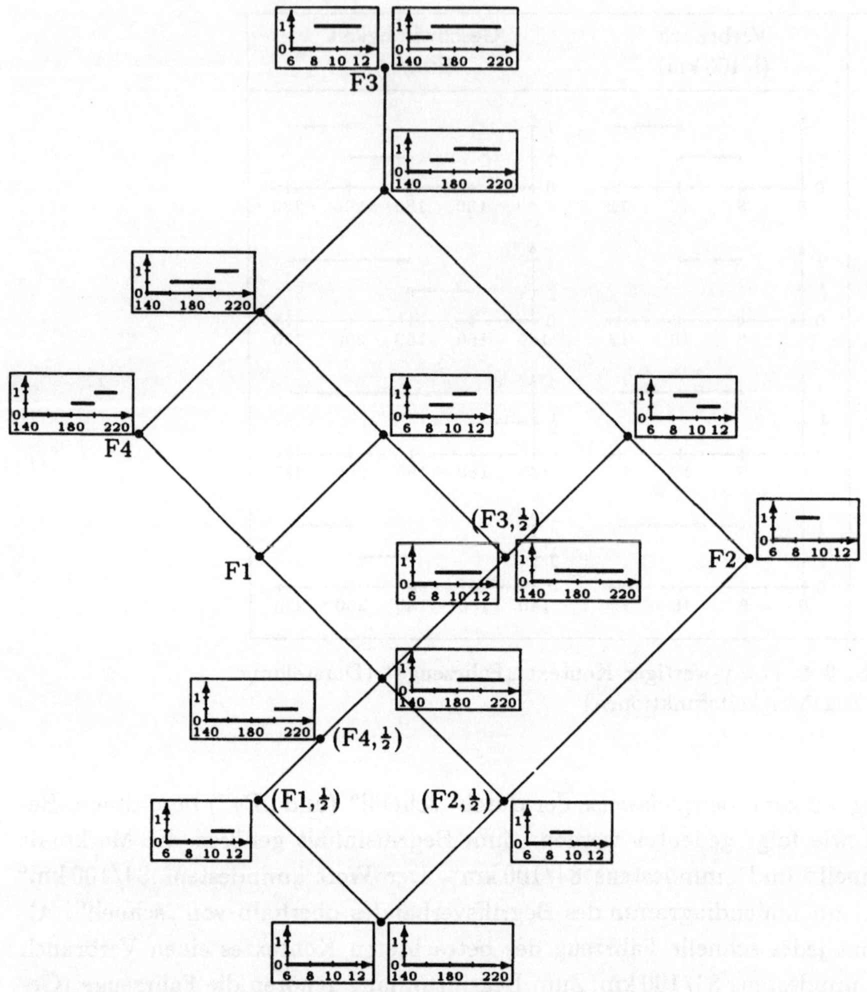

Abb. 3.5. Begriffsverband zum fuzzy-wertigen Kontext „Fahrzeuge" (Darstellung mit Zugehörigkeitsfunktionen)

Folgerung 2. *Gilt* $\nu = \bigvee T$ *und* $T \subseteq L$, *so kann der von* (g, ν) *erzeugte Gegenstandsbegriff in folgender Weise dargestellt werden:*

$$((g,\nu)'', (g,\nu)') = \bigvee_{\tau \in T} ((g,\tau)'', (g,\tau)').$$

Folgerung 3. *Ist* $U(L)$ *eine* $\bigvee$*-Basis von* L, *so ist jeder* L*-Fuzzy-Begriff als Supremum von Gegenstandsbegriffen, die von einelementigen Fuzzy-Mengen* $(g,\nu) \in G \times U(L)$ *erzeugt werden, darstellbar.*

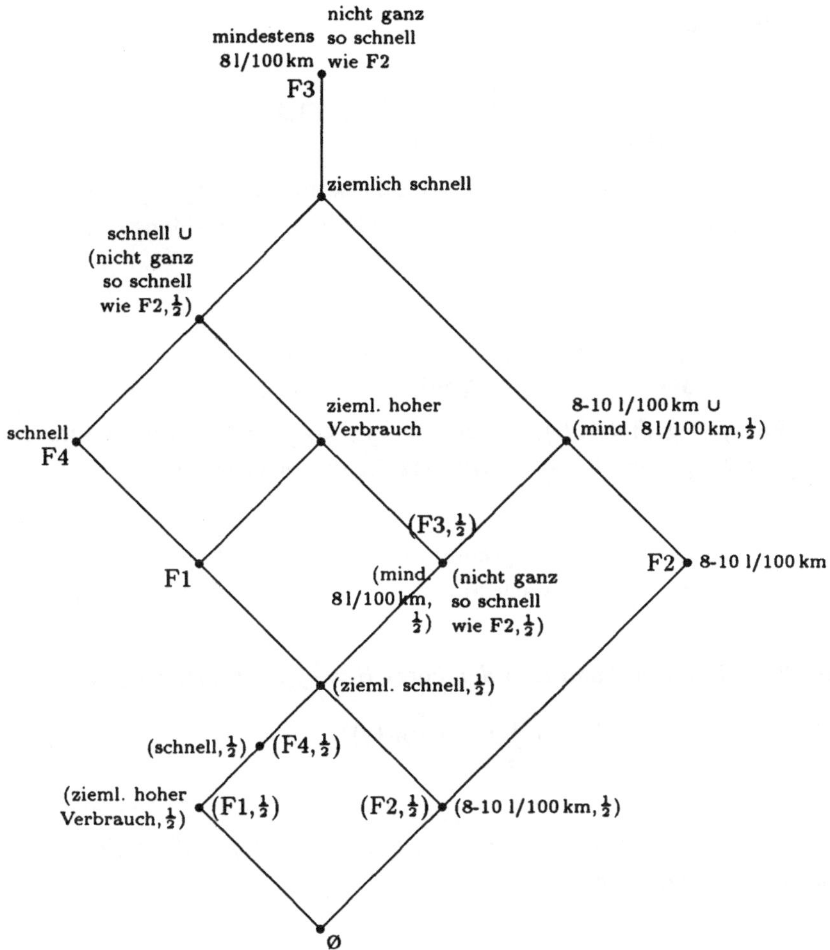

Abb. 3.6. Begriffsverband zum fuzzy-wertigen Kontext „Fahrzeuge"

Folgerung 4. *Jeder $\bigvee$-irreduzible Fuzzy-Begriff ist ein Gegenstandsbegriff, der von einer einelementigen Fuzzy-Menge $(g, \nu) \in G \times J(L)$ erzeugt wird.*

Für Merkmalsbegriffe gelten die folgenden Aussagen:

Hilfssatz 3.6. *Der von $\bigcup_{g \in G}(m(g), \nu_g)$ erzeugte Merkmalsbegriff ist der größte Fuzzy-Begriff (A, B) mit $B_m = \bigcup_{g \in G}(\nu_g \cdot m(g))$.*

Beweis. Wegen Hilfssatz 3.3 gilt

$$\left(\bigcup_{g\in G}(m(g),\nu_g)\right)''_m \subsetneqq \bigcup_{g\in G}(\nu_g \cdot m(g)).$$

Andererseits gilt $A'_m = \bigcup_{g\in G}(\nu_g \cdot m(g))$ und somit $A' \subsetneqq \bigcup_{g\in G}(m(g),\nu_g)$ für die durch $\mu_A(g) := \nu_g$ für jedes $g \in G$ definierte Fuzzy-Menge $A \subsetneqq G$. Hilfssatz 3.3 liefert $A' \subsetneqq (\bigcup_{g\in G}(m(g),\nu_g))''$, d. h.

$$\bigcup_{g\in G}(\nu_g \cdot m(g)) \subsetneqq \left(\bigcup_{g\in G}(m(g),\nu_g)\right)''_m .$$

Für jeden Fuzzy-Begriff (A,B) mit $B_m = \bigcup_{g\in G}(\nu_g \cdot m(g))$ gilt weiterhin $B \subsetneqq \bigcup_{g\in G}(m(g),\nu_g)$. Somit liefert Hilfssatz 3.3 die Behauptung. □

Ist ein Fuzzy-Begriff (A,B) als Supremum von Fuzzy-Begriffen (A_t,B_t) darstellbar, so gilt $B = \bigcup_{t\in T} B_t$ nach Satz 3.1, also auch $B_m = \bigcup_{t\in T}(B_t)_m$. Weiterhin gilt:

Hilfssatz 3.7. *Für jede Familie B der Form* $B = \bigcup_{g\in G}(m(g),\nu_g)$ *gilt*

$$B = \bigcup_{g\in G}(m(g),\mu_{B'}(g)).$$

Jeder von einer Familie $B = \bigcup_{g\in G}(m(g),\nu_g)$ *erzeugte Merkmalsbegriff* $(B',B'') \in \underline{\mathfrak{B}}(G,M,U,I)$ *ist als Supremum von Merkmalsgrundbegriffen zum Merkmal* $m(\in M)$ *darstellbar:*

$$\left(\left(\bigcup_{g\in G}(m(g),\nu_g)\right)',\left(\bigcup_{g\in G}(m(g),\nu_g)\right)''\right)=\bigvee_{g\in G}((m(g),\mu_{B'}(g))',(m(g),\mu_{B'}(g))'').$$

Beweis. Für jede Familie $B = \bigcup_{g\in G}(m(g),\nu_g)$ gilt wegen der Hilfssätze 3.6 und 3.1

$$B_m = \bigcup_{g\in G}(\nu_g \cdot m(g)) = B''_m = \bigcup_{g\in G}(\mu_{B'}(g)\cdot m(g)),$$

womit die erste Behauptung bewiesen ist.

Für jedes $\nu \in L$ gilt

$$\begin{aligned}\mu_{(m(g),\nu)'}(g) &= \bigwedge_{n\in M}\bigwedge_{x\in X_n}(\mu_{n(g)}(x)\to\mu_{(m(g),\nu)_n}(x))\\ &= \bigwedge_{x\in X_m}(\mu_{m(g)}(x)\to(\nu\cdot\mu_{m(g)}(x))) &&\text{(wegen (1),(5))}\\ &\geq \nu &&\text{(wegen (1),(3)).}\end{aligned}$$

Also gilt $\mu_{B'}(g) \leq \mu_{(m(g),\mu_{B'}(g))'}(g)$ für jedes $g \in G$ und wegen (1) und Hilfssatz 3.3

$$B' \lesssim \bigcup_{g\in G} (m(g), \mu_{B'}(g))' \lesssim \left(\bigcup_{g\in G} (m(g), \mu_{B'}(g))' \right)'' ,$$

woraus wegen Satz 3.1

$$(B', B'') \leq \bigvee_{g\in G} ((m(g), \mu_{B'}(g))', (m(g), \mu_{B'}(g))'')$$

folgt. Andererseits gilt $(\bigcup_{g\in G} B_g)' \gtrsim (\bigcup_{g\in G} B''_g)'$ nach Hilfssatz 3.3 und $(\bigcup_{g\in G} B''_g)' = (\bigcup_{g\in G} B'_g)''$ nach Hilfssatz 3.4 für $B_g := (m(g), \mu_{B'}(g))$. Wegen Satz 3.1 folgt daraus

$$(B', B'') \geq \bigvee_{g\in G} ((m(g), \mu_{B'}(g))', (m(g), \mu_{B'}(g))''),$$

womit die zweite Behauptung gilt.

□

Da für jeden Fuzzy-Begriff (A, B) eines fuzzy-wertigen Kontextes $B_m = A'_m = \bigcup_{g\in G}(\mu_A(g) \cdot m(g))$ gilt, gibt es zu jedem Fuzzy-Begriff (A, B) und zu jedem $m \in M$ sowohl einen eindeutig bestimmten kleinsten Oberbegriff (C_1, D_1), der als Supremum von Merkmalsgrundbegriffen zu m darstellbar ist, als auch einen eindeutig bestimmten kleinsten Oberbegriff (C_2, D_2), der Merkmalsbegriff zu m ist, und es gilt $B_m = (D_1)_m = (D_2)_m$. Um die Begriffsinhalte aller Fuzzy-Begriffe im Diagramm des Fuzzy-Begriffsverbandes ablesen zu können, genügt es also sogar, die Merkmalsgrundbegriffe durch ihre erzeugenden Familien zu bezeichnen. Die Fuzzy-Menge B_m stimmt mit der m-ten Komponente der Vereinigung der im Diagramm unter (C_1, D_1) (oder auch (C_2, D_2)) stehenden Familien überein. Beim Ablesen der Begriffsinhalte im Diagramm wird Satz 3.1 angewendet.

Es ist also ausreichend, den Fuzzy-Begriffsverband des fuzzy-wertigen Kontextes in Abbildung 3.6 wie in Abbildung 3.7 zu beschriften.

Hilfssatz 3.7 und Folgerung 1 zu Hilfssatz 3.5 liefern die folgenden Aussagen:

Folgerung 1. *Für jeden Fuzzy-Begriff* $(A, B) \in \underline{\mathfrak{B}}(G, M, U, I)$ *gilt*

$$(A, B) = \bigwedge_{m\in M} \bigvee_{g\in G} ((m(g), \mu_{D'}(g))', (m(g), \mu_{D'}(g))'')$$

mit $D := \bigcup_{g\in G}(m(g), \mu_A(g))$.

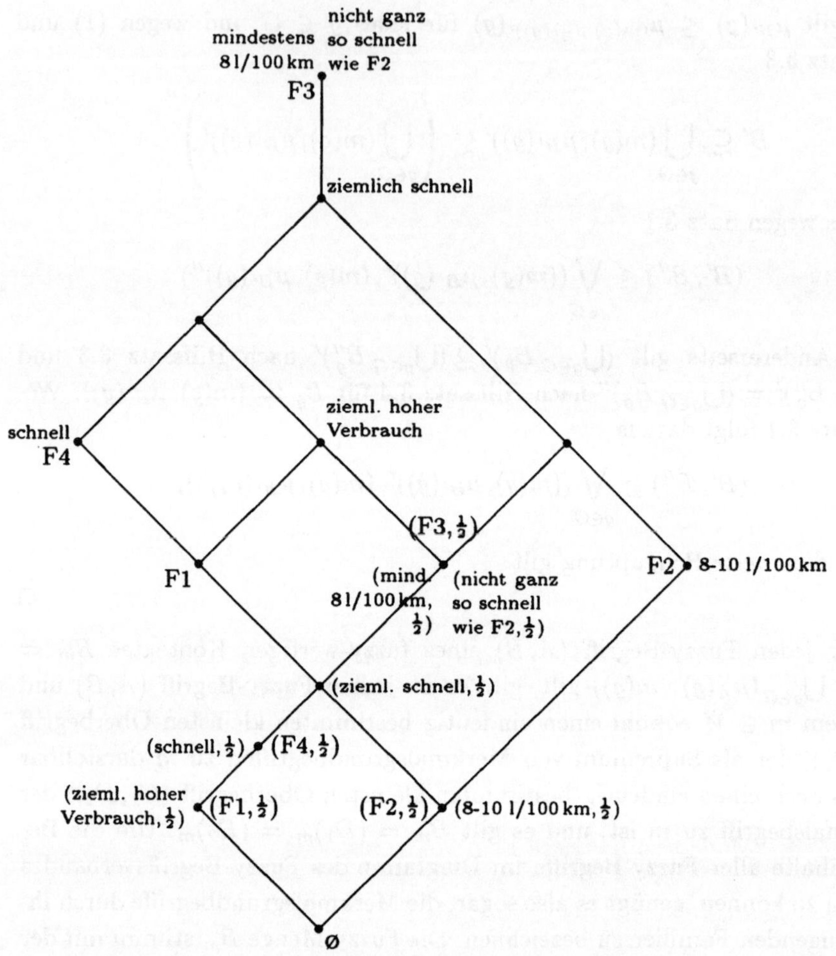

Abb. 3.7. Begriffsverband zum fuzzy-wertigen Kontext „Fahrzeuge" (Beschriftung der Gegenstandsbegriffe und der Merkmalsgrundbegriffe)

Folgerung 2. *Jeder $\bigwedge$-irreduzible Fuzzy-Begriff ist ein Merkmalsbegriff. Jeder $\bigvee$-irreduzible Merkmalsbegriff zu einem Merkmal m ist ein Merkmalsgrundbegriff zu m.*

3.2 Skalierung fuzzy-wertiger Kontexte

Von jedem L-fuzzy-wertigen Kontext (G, M, U, I) kann durch Skalierung ein L-Fuzzy-Kontext (G, N, S) abgeleitet werden. Der Fuzzy-Begriffsverband des Fuzzy-Kontextes (G, N, S) ist dann in den des fuzzy-wertigen Kontextes (G, M, U, I) einbettbar. Durch geeignete Wahl der Merkmalsmenge N von (G, N, S) (d.h. durch hinreichend „feine“ Skalierung) kann erreicht werden, daß die beiden Fuzzy-Begriffsverbände isomorph sind. Das Ermitteln der Fuzzy-Begriffe fuzzy-wertiger Kontexte kann so auf das der Fuzzy-Begriffe von Fuzzy-Kontexten zurückgeführt werden.

Bei der (Merkmals-)Skalierung des fuzzy-wertigen Kontextes (G, M, U, I) bleibt die Gegenstandsmenge G unverändert. Für jedes Merkmal $m \in M$ wird eine Menge $N_m \subseteq \mathcal{F}(X_m)$ „interessanter“ Merkmalsausprägungen (die nicht im Kontext vorkommen müssen) ausgewählt. Die Merkmalsmenge des abgeleiteten Kontextes ist dann $N = \dot{\bigcup}_{m\in M} N_m$. Die Fuzzy-Relation S wird so definiert, daß

$$\mu_S(g, n) = \text{tv}\ (\text{„}m(g) \underset{\sim}{\subseteq} n\text{“})$$

für $g \in G$, $m \in M$, $n \in N_m$ gilt.

Definition 3.3. *Sind (G, M, U, I) ein L-fuzzy-wertiger Kontext und $N_m \subseteq \mathcal{F}(X_m)$ $(m \in M)$ Mengen von Merkmalsausprägungen, so ist der* durch Skalierung abgeleitete Fuzzy-Kontext *(oder einfach der* abgeleitete Kontext*) der L-Fuzzy-Kontext (G, N, S) mit*

$$N := \dot{\bigcup_{m\in M}} N_m,$$

$$\mu_S(g, n) := \bigwedge_{x\in X_m} (\mu_{m(g)}(x) \to \mu_n(x)) \quad \textit{für} \quad g \in G, m \in M, n \in N_m.$$

Soll der fuzzy-wertige Kontext in Abbildung 3.3 (bzw. 3.4) bezüglich der Mengen

$$N_{\text{Verbrauch}} = \{\text{sparsam, sehr sparsam}\},$$
$$N_{\text{Geschwindigkeit}} = \{\text{mindestens 180 km/h, ziemlich schnell}\}$$

von Merkmalsausprägungen skaliert werden, so sind die Elemente der Merkmalsmenge N des abgeleiteten Kontextes (G, N, S) zunächst durch die in Abbildung 3.8 angegebenen Zugehörigkeitsfunktionen charakterisierbar.

Damit ergibt sich der in Abbildung 3.9 dargestellte abgeleitete Kontext. Der zugehörige Fuzzy-Begriffsverband ist in Abbildung 3.10 dargestellt.

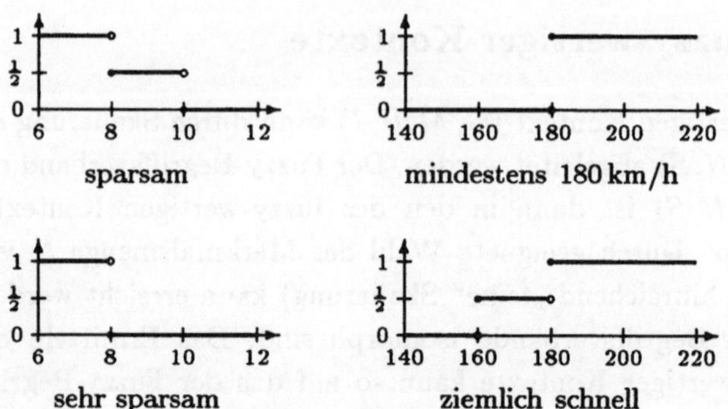

Abb. 3.8. Zugehörigkeitsfunktionen von Merkmalsausprägungen

	sparsam	sehr sparsam	mindestens 180 km/h	zieml. schnell
F1	0	0	1	1
F2	½	0	½	1
F3	0	0	0	½
F4	0	0	1	1

Abb. 3.9. Abgeleiteter Kontext zum fuzzy-wertigen Kontext „Fahrzeuge"

Die Abbildung

$$\sigma : \prod_{m \in M} \mathcal{F}(X_m) \to \mathcal{F}(N)$$

werde durch

$$\mu_{\sigma B}(n) := \bigwedge_{x \in X_m} (\mu_{B_m}(x) \to \mu_n(x))$$

für $B \in \prod_{m \in M} \mathcal{F}(X_m)$, $m \in M$, $n \in N_m$ definiert, die Abbildung

$$\varrho : \mathcal{F}(N) \to \prod_{m \in M} \mathcal{F}(X_m)$$

durch

$$\mu_{(\varrho B)_m}(x) := \bigwedge_{n \in N_m} (\mu_B(n) \to \mu_n(x))$$

für $B \subseteq N$, $m \in M$, $x \in X_m$.

Für spätere Beweise werden die folgenden Aussagen benötigt:

Hilfssatz 3.8. *Ist der Fuzzy-Kontext (G, N, S) ein abgeleiteter Kontext zum fuzzy-wertigen Kontext (G, M, U, I) und gilt $A \subseteq G$, so stimmen die Fuzzy-Mengen A' in (G, N, S) und $\sigma(A')$ in (G, M, U, I) überein.*

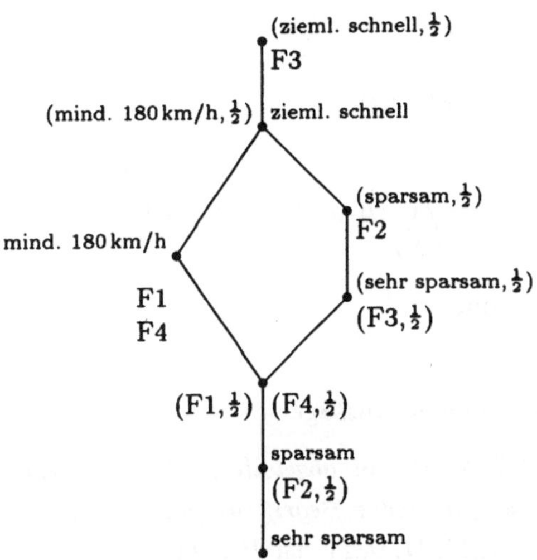

Abb. 3.10. Begriffsverband des abgeleiteten Kontextes zum fuzzy-wertigen Kontext „Fahrzeuge"

Beweis. In (G, M, U, I) gilt

$$\begin{aligned}\mu_{\sigma(A')}(n) &= \bigwedge_{x \in X_m} (\mu_{A'_m}(x) \to \mu_n(x)) \\ &= \bigwedge_{x \in X_m} \left(\bigvee_{g \in G} (\mu_A(g) \cdot \mu_{m(g)}(x)) \to \mu_n(x) \right),\end{aligned}$$

in (G, N, S)

$$\begin{aligned}\mu_{A'}(n) &= \bigwedge_{g \in G} (\mu_A(g) \to \mu_S(g, n)) \\ &= \bigwedge_{g \in G} \left(\mu_A(g) \to \bigwedge_{x \in X_m} (\mu_{m(g)}(x) \to \mu_n(x)) \right).\end{aligned}$$

Somit liefern (12) und (9) die Behauptung.

□

Hilfssatz 3.9. *Ist der Fuzzy-Kontext (G, N, S) ein abgeleiteter Kontext zum fuzzy-wertigen Kontext (G, M, U, I) und gilt $B \underset{\sim}{\subseteq} N$, so stimmen die Fuzzy-Mengen B' in (G, N, S) und $(\varrho B)'$ in (G, M, U, I) überein.*

Beweis. In (G, M, U, I) gilt

$$\begin{aligned}\mu_{(\varrho B)'}(g) &= \bigwedge_{m \in M} \bigwedge_{x \in X_m} (\mu_{m(g)}(x) \to \mu_{(\varrho B)_m}(x)) \\ &= \bigwedge_{m \in M} \bigwedge_{x \in X_m} \left(\mu_{m(g)}(x) \to \bigwedge_{n \in N_m} (\mu_B(n) \to \mu_n(x)) \right).\end{aligned}$$

In (G, N, S) gilt

$$\begin{aligned}\mu_{B'}(g) &= \bigwedge_{m\in M}\bigwedge_{n\in N_m}(\mu_B(n)\to\mu_S(g,n))\\ &= \bigwedge_{m\in M}\bigwedge_{n\in N_m}\left(\mu_B(n)\to\bigwedge_{x\in X_m}(\mu_{m(g)}(x)\to\mu_n(x))\right).\end{aligned}$$

Somit liefern (12) und (4) die Behauptung.

□

Die Hilfssätze 3.8 und 3.9 führen zu folgender Aussage:

Folgerung. *Ist der Fuzzy-Kontext (G, N, S) ein abgeleiteter Kontext zum fuzzy-wertigen Kontext (G, M, U, I), so gilt: Jeder Begriffsumfang $A \in \mathcal{F}(G)$ in (G, N, S) ist auch Begriffsumfang in (G, M, U, I). Ist $B \in \prod_{m\in M}\mathcal{F}(X_m)$ Begriffsinhalt in (G, M, U, I), so ist $\sigma B \in \mathcal{F}(N)$ Begriffsinhalt in (G, N, S).*

Beweis. Die Fuzzy-Menge $A \subsetsim G$ ist genau dann Begriffsumfang in (G, N, S), wenn eine Fuzzy-Menge $B \subsetsim N$ existiert, so daß $B' = A$ gilt. Nach Hilfssatz 3.9 gilt dann auch $(\varrho B)' = A$ in (G, M, U, I), d. h., A ist Begriffsumfang in (G, M, U, I).

Die Familie $B = (B_m : m \in M) \in \prod_{m\in M}\mathcal{F}(X_m)$ ist genau dann Begriffsinhalt in (G, M, U, I), wenn eine Fuzzy-Menge $A \subsetsim G$ existiert, so daß $A' = B$ gilt. Nach Hilfssatz 3.8 gilt dann auch $A' = \sigma B$ in (G, N, S), d. h., die Fuzzy-Menge $\sigma B \subsetsim N$ ist Begriffsinhalt in (G, N, S).

□

Hilfssatz 3.10. *Sind L ein $\bigvee$-Halbverband und Θ eine Kongruenz von L, so ist die Abbildung α, die jedes Element von L auf das größte Element seiner Kongruenzklasse bezüglich Θ abbildet, eine Hüllenoperation in L.*

Beweis. Die Abbildung α ist idempotent und extensiv. In L ist $x \leq y$ äquivalent zu $x \vee y = y$ und impliziert daher $(\alpha(x) \vee \alpha(y))\ \Theta\ y$, weil $\alpha(x)\ \Theta\ x$ und $\alpha(y)\ \Theta\ y$ gilt und Θ eine $\bigvee$-Kongruenzrelation ist. Da $\alpha(y)$ das größte Element der (von y erzeugten) Kongruenzklasse $[y]_\Theta$ ist, folgt $\alpha(x)\vee\alpha(y) = \alpha(y)$. Dies ist äquivalent zu $\alpha(x) \leq \alpha(y)$, d. h., α ist monoton und somit Hüllenoperation in $\underline{\mathfrak{B}}(G, M, U, I)$.

□

Hilfssatz 3.11. *Durch*

$$(A, B)\ \Theta\ (C, D) \quad :\Longleftrightarrow \quad \sigma B = \sigma D$$

wird eine $\bigvee$-Kongruenzrelation in $\underline{\mathcal{B}}(G,M,U,I)$ definiert. Ist α die durch

$$\alpha : (A,B) \mapsto \bigvee[(A,B)]_\Theta$$

definierte Hüllenoperation in $\underline{\mathcal{B}}(G,M,U,I)$, so ist die geordnete Menge

$$\alpha(\underline{\mathcal{B}}(G,M,U,I)) := (\alpha(\mathcal{B}(G,M,U,I)); \leq_\alpha),$$

wobei $\leq_\alpha$ die Einschränkung der Relation $\leq$ in $\underline{\mathcal{B}}(G,M,U,I)$ auf die Menge $\alpha(\mathcal{B}(G,M,U,I))$ bezeichnet, ein vollständiger Verband. Die Abbildung α ist ein Ordnungs- und $\bigvee$-Homomorphismus vom Verband $\underline{\mathcal{B}}(G,M,U,I)$ auf $\alpha(\underline{\mathcal{B}}(G,M,U,I))$.

Beweis. T sei eine Indexmenge. In $\underline{\mathcal{B}}(G,M,U,I)$ gilt nach Satz 3.1

$$\bigvee_{t\in T}(A_t,B_t) = \left(\left(\bigcup_{t\in T} A_t\right)'', \bigcup_{t\in T} B_t\right).$$

Wegen

$$\begin{aligned}
\mu_{\sigma(\bigcup_{t\in T} B_t)}(n) &= \bigwedge_{x\in X_m}\left(\mu_{(\bigcup_{t\in T} B_t)_m}(x) \to \mu_n(x)\right)\\
&= \bigwedge_{x\in X_m}\left(\left(\bigvee_{t\in T}\mu_{(B_t)_m}(x)\right) \to \mu_n(x)\right)\\
&= \bigwedge_{t\in T}\bigwedge_{x\in X_m}(\mu_{(B_t)_m}(x) \to \mu_n(x)) \qquad \text{(nach (12))}\\
&= \bigwedge_{t\in T}\mu_{\sigma B_t}(n)\\
&= \mu_{\bigcap_{t\in T}\sigma B_t}(n)
\end{aligned}$$

für $m \in M$, $n \in N_m$ gilt

$$\sigma\left(\bigcup_{t\in T} B_t\right) = \bigcap_{t\in T}\sigma B_t.$$

Aus

$$(A_t,B_t)\ \Theta\ (C_t,D_t) \ \text{ für jedes } \ t\in T$$

folgt somit

$$\sigma\left(\bigcup_{t\in T} B_t\right) = \bigcap_{t\in T}\sigma B_t = \bigcap_{t\in T}\sigma D_t = \sigma\left(\bigcup_{t\in T} D_t\right)$$

und daher
$$\left(\bigvee_{t\in T}(A_t,B_t)\right)\,\Theta\,\left(\bigvee_{t\in T}(C_t,D_t)\right).$$
Die angegebene Äquivalenzrelation Θ ist also eine $\bigvee$-Kongruenzrelation im Fuzzy-Begriffsverband $\underline{\mathfrak{B}}(G,M,U,I)$. Die Kongruenzklassen bezüglich Θ sind demzufolge $\bigvee$-Unterhalbverbände des vollständigen Verbandes $\underline{\mathfrak{B}}(G,M,U,I)$. Es gilt
$$\bigvee[(A,B)]_\Theta\;\Theta\;(A,B),$$
d. h., $\alpha(A,B)$ ist das größte Element von $[(A,B)]_\Theta$. Nach Hilfssatz 3.10 ist α also eine Hüllenoperation in $\underline{\mathfrak{B}}(G,M,U,I)$.

Die geordnete Menge $\alpha(\underline{\mathfrak{B}}(G,M,U,I))$ der abgeschlossenen Elemente ist ein vollständiger Verband, in dem Infimum $\bigwedge_\alpha$ und Supremum $\bigvee_\alpha$ in folgender Weise durch die entsprechenden Operationen in $\underline{\mathfrak{B}}(G,M,U,I)$ beschrieben werden können:
$$\begin{aligned}\bigwedge_{\alpha\,t\in T}(A_t,B_t) &= \bigwedge_{t\in T}(A_t,B_t),\\ \bigvee_{\alpha\,t\in T}(A_t,B_t) &= \alpha\left(\bigvee_{t\in T}(A_t,B_t)\right).\end{aligned}$$
Aus der Monotonie folgt, daß die Abbildung α ein Ordnungshomomorphismus von $\underline{\mathfrak{B}}(G,M,U,I)$ auf $\alpha(\underline{\mathfrak{B}}(G,M,U,I))$ ist. Wegen
$$\alpha\left(\bigvee_{t\in T}(A_t,B_t)\right)=\alpha\left(\bigvee_{t\in T}\alpha(A_t,B_t)\right)=\bigvee_{\alpha\,t\in T}\alpha(A_t,B_t)$$
ist α ein $\bigvee$-Homomorphismus.

□

Für den Fuzzy-Begriffsverband in Abbildung 3.6 und die obige Menge N von Merkmalsausprägungen (siehe Abbildung 3.8) sind die Kongruenzklassen bezüglich Θ in Abbildung 3.11 angegeben.

Weiterhin ergeben sich die folgenden Aussagen:

Satz 3.2. *Ist (G,N,S) ein abgeleiteter Kontext zum fuzzy-wertigen Kontext (G,M,U,I), so gilt*
$$\alpha(\underline{\mathfrak{B}}(G,M,U,I))\;\cong\;\underline{\mathfrak{B}}(G,N,S)$$
mit
$$\varphi:(A,B)\mapsto(A,\sigma B)$$
als zugehörigem Isomorphismus.

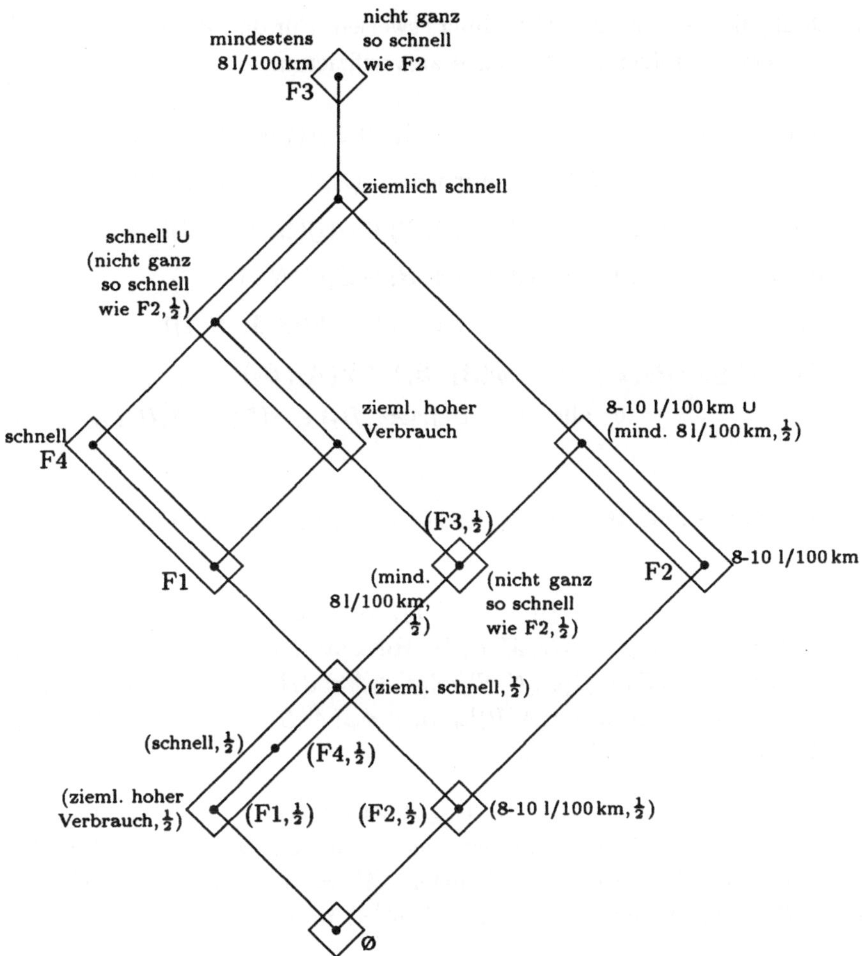

Abb. 3.11. Kongruenzklassen bezüglich der Relation Θ im Begriffsverband zum fuzzy-wertigen Kontext „Fahrzeuge"

Beweis. Für $B \in \prod_{m \in M} \mathcal{F}(X_m)$ sei $A_\varphi := (\sigma B)'$ in (G, N, S), und für $A \in \mathcal{F}(G)$ sei $B_\psi := A'$ in (G, M, U, I). Es soll gezeigt werden, daß die behauptete Isomorphie durch

$$\varphi : \alpha(\underline{\mathfrak{B}}(G, M, U, I)) \to \underline{\mathfrak{B}}(G, N, S) \quad \text{mit} \quad \varphi(A, B) := (A_\varphi, \sigma B)$$

realisiert wird. Die Abbildung

$$\psi : \underline{\mathfrak{B}}(G, N, S) \to \alpha(\underline{\mathfrak{B}}(G, M, U, I)) \quad \text{mit} \quad \psi(A, B) := \alpha(A, B_\psi)$$

wird sich als die zu φ inverse Abbildung erweisen. Für den Beweis des Satzes genügt es also, die folgenden Aussagen zu verifizieren:

$$\varphi(A,B) \in \underline{\mathfrak{B}}(G,N,S) \quad \text{für jedes} \quad (A,B) \in \alpha(\underline{\mathfrak{B}}(G,M,U,I)), \tag{I}$$

$$\psi(A,B) \in \alpha(\underline{\mathfrak{B}}(G,M,U,I)) \quad \text{für jedes} \quad (A,B) \in \underline{\mathfrak{B}}(G,N,S), \tag{II}$$

$$\psi\varphi(A,B) = (A,B) \quad \text{für jedes} \quad (A,B) \in \alpha(\underline{\mathfrak{B}}(G,M,U,I)), \tag{III}$$

$$\varphi\psi(A,B) = (A,B) \quad \text{für jedes} \quad (A,B) \in \underline{\mathfrak{B}}(G,N,S), \tag{IV}$$

$$\varphi(A,B) = (A,\sigma B) \quad \text{für jedes} \quad (A,B) \in \alpha(\underline{\mathfrak{B}}(G,M,U,I)), \tag{V}$$

$$(A_1,B_1) \leq_\alpha (A_2,B_2) \iff \varphi(A_1,B_1) \leq \varphi(A_2,B_2)$$
$$\text{für alle} \quad (A_1,B_1),(A_2,B_2) \in \alpha(\underline{\mathfrak{B}}(G,M,U,I)). \tag{VI}$$

(I) und (II) folgen unmittelbar aus der Folgerung zu den Hilfssätzen 3.8 und 3.9.

(III): Für jedes $(A,B) \in \alpha(\underline{\mathfrak{B}}(G,M,U,I))$ gilt $\psi\varphi(A,B) = \psi(A_\varphi,\sigma B) = \alpha(A_\varphi,D)$ mit $D := A_\varphi{}'$ in (G,M,U,I). Hilfssatz 3.8 liefert $A_\varphi{}' = \sigma D$ in (G,N,S). Aus $(A_\varphi,\sigma B) \in \underline{\mathfrak{B}}(G,N,S)$ folgt $A_\varphi{}' = \sigma B$, d. h. $\sigma B = \sigma D$. Dann gilt $\alpha(A_\varphi,D) \in [(A_\varphi,D)]_\Theta = [(A,B)]_\Theta$, d. h. $\psi\varphi(A,B) = (A,B)$, weil (A,B) größtes Element von $[(A,B)]_\Theta$ ist.

(IV): Für jedes $(A,B) \in \underline{\mathfrak{B}}(G,N,S)$ gilt $\varphi\psi(A,B) = \varphi(\alpha(A,B_\psi))$. Wegen $\alpha(A,B_\psi) \in [(A,B_\psi)]_\Theta$ und der Definition von Θ ist σB_ψ Begriffsinhalt von $\varphi\psi(A,B)$. Hilfssatz 3.8 liefert $A' = \sigma B_\psi$ in (G,N,S). Aus $(A,B) \in \underline{\mathfrak{B}}(G,N,S)$ folgt $A' = B$ in (G,N,S) und somit $\sigma B_\psi = B$, d. h. $\varphi\psi(A,B) = (A,B)$.

(V): Für jedes $(A,B) \in \alpha(\underline{\mathfrak{B}}(G,M,U,I))$ gilt in (G,N,S) nach Hilfssatz 3.8 $\sigma B = A'$ und somit $A_\varphi = (\sigma B)' = A''$, woraus $A \subsetapprox A_\varphi$ folgt. In (G,M,U,I) gilt $\psi\varphi(A,B) = \alpha(A_\varphi,D) = (A,B)$ mit $D := A_\varphi{}'$ (vgl. (III)). Da α eine Hüllenoperation ist, folgt daraus $A_\varphi \subsetapprox A$. Es gilt also $A_\varphi = A$.

(VI): Für alle $(A_1,B_1),(A_2,B_2) \in \alpha(\underline{\mathfrak{B}}(G,M,U,I))$ gilt

$$\begin{aligned}\varphi(A_1,B_1) \leq \varphi(A_2,B_2) &\iff (A_1,\sigma B_1) \leq (A_2,\sigma B_2)\\ &\iff A_1 \subsetapprox A_2\\ &\iff (A_1,B_1) \leq_\alpha (A_2,B_2).\end{aligned}$$

□

Folgerung 1. *Ist der Fuzzy-Kontext* (G, N, S) *ein abgeleiteter Kontext zum fuzzy-wertigen Kontext* (G, M, U, I)*, so gilt: Die geordnete Menge*

$$(\{(A, B) \in \underline{\mathfrak{B}}(G, M, U, I) : A \text{ Begriffsumfang in } (G, N, S)\}; \leq)$$

bildet einen $\bigwedge$*-Unterhalbverband von* $\underline{\mathfrak{B}}(G, M, U, I)$*. Durch*

$$(A, B) \mapsto ((\sigma B)', \sigma B)$$

wird ein Ordnungs- und $\bigvee$*-Homomorphismus vom Fuzzy-Begriffsverband* $\underline{\mathfrak{B}}(G, M, U, I)$ *auf* $\underline{\mathfrak{B}}(G, N, S)$ *definiert.*

Beweis. Die Abbildung φ aus Satz 3.2 ist ein Isomorphismus von $\alpha(\underline{\mathfrak{B}}(G, M, U, I))$ auf $\underline{\mathfrak{B}}(G, N, S)$, und es gilt $\varphi(A, B) = (A, \sigma B)$. Also bildet die inverse Abbildung $\psi = \varphi^{-1}$ jeden Begriff aus $\underline{\mathfrak{B}}(G, N, S)$ auf denjenigen aus $\alpha(\underline{\mathfrak{B}}(G, M, U, I))$ (d. h. aus $\underline{\mathfrak{B}}(G, M, U, I)$) ab, der denselben Begriffsumfang besitzt. Dieser existiert und ist in $\underline{\mathfrak{B}}(G, M, U, I)$ eindeutig bestimmt. Die zu untersuchende geordnete Menge ist daher gerade die Bildmenge der Abbildung ψ, also $\alpha(\underline{\mathfrak{B}}(G, M, U, I))$.

Nach Hilfssatz 3.11 ist $\alpha(\underline{\mathfrak{B}}(G, M, U, I))$ ein vollständiger Verband, in dem jedes Infimum mit dem entsprechenden Infimum in $\underline{\mathfrak{B}}(G, M, U, I)$ übereinstimmt (vgl. Beweis zu Hilfssatz 3.11), d. h. ein $\bigwedge$-Unterhalbverband von $\underline{\mathfrak{B}}(G, M, U, I)$.

Durch Zusammensetzen der Abbildungen α (aus Hilfssatz 3.11) und φ (aus Satz 3.2) wird $\underline{\mathfrak{B}}(G, M, U, I)$ auf $\underline{\mathfrak{B}}(G, N, S)$ mit

$$\varphi\alpha(A, B) = ((\sigma B)', \sigma B)$$

abgebildet, da $\alpha(A, B)\ \Theta\ (A, B)$ gilt. Die Behauptung folgt daher aus Hilfssatz 3.11 und Satz 3.2.

□

Auf der Grundlage des nachstehenden Hilfssatzes kann in Folgerung 2 eine hinreichende Bedingung dafür angegeben werden, daß der Fuzzy-Begriffsverband eines fuzzy-wertigen Kontextes zu dem des durch Skalierung bezüglich einer Menge N von Merkmalsausprägungen abgeleiteten Kontextes isomorph ist. In den Folgerungen 3 und 4 werden für jeden fuzzy-wertigen Kontext Mengen von Merkmalsausprägungen angegeben, die dieser Bedingung genügen. Die für die Fuzzy-Mengen A_m und B_m als möglich vorausgesetzte spezielle

Darstellung kann dabei als „Linearkombination“ von zur Menge N_m gehörigen Fuzzy-Mengen aufgefaßt werden.

Hilfssatz 3.12. *Sind (G, M, U, I) ein fuzzy-wertiger Kontext, $N_m \in \mathcal{F}(X_m)$ $(m \in M)$ Mengen von Merkmalsausprägungen und $A, B \in \prod_{m \in M} \mathcal{F}(X_m)$ Familien von Fuzzy-Mengen, wobei $A = (A_m : m \in M)$ durch $A_m = \bigcap_{n \in N_m} (\tau_n \to n)$ mit $\tau_n \in L$ für jedes $n \in N_m$ dargestellt werden kann, so gilt*

$$\sigma A \subsetneq \sigma B \iff B \subsetneq A.$$

Beweis. Die Abbildung σ ist wegen (6) antiton. Wegen (1), (4) und (5) sind die Aussagen

$$\mu_{A_m}(x) \leq \bigwedge_{n \in N_m} (\tau_n \to \mu_n(x)) \text{ für jedes } x \in X_m,$$

$$\tau_n \leq \bigwedge_{x \in X_m} (\mu_{A_m}(x) \to \mu_n(x)) = \mu_{\sigma A}(n) \text{ für jedes } n \in N_m$$

äquivalent. Aus $A_m = \bigcap_{n \in N_m} (\tau_n \to n)$ für jedes $m \in M$ und $\sigma A \subsetneq \sigma B$ folgt daher $\tau_n \leq \mu_{\sigma A}(n) \leq \mu_{\sigma B}(n)$ für jedes $n \in N_m$ und somit

$$\mu_{B_m}(x) \leq \bigwedge_{n \in N_m} (\tau_n \to \mu_n(x)) = \mu_{A_m}(x) \text{ für jedes } x \in X_m,$$

womit die Behauptung bewiesen ist. □

Folgerung 2. *Ist der Fuzzy-Kontext (G, N, S) ein abgeleiteter Kontext zum fuzzy-wertigen Kontext (G, M, U, I) und ist in (G, M, U, I) jeder Begriffsinhalt $B = (B_m : m \in M)$ durch $B_m = \bigcap_{n \in N_m} (\tau_n \to n)$ mit $\tau_n \in L$ darstellbar, so gilt*

$$\underline{\mathfrak{B}}(G, M, U, I) \cong \underline{\mathfrak{B}}(G, N, S)$$

mit

$$\varphi : (A, B) \mapsto (A, \sigma B),$$
$$\varphi^{-1} : (A, B) \mapsto (A, \varrho B)$$

als zugehörigem Isomorphismus und dessen inverser Abbildung.

Beweis. Ist jeder Begriffsinhalt $B = (B_m : m \in M)$ im fuzzy-wertigen Kontext (G, M, U, I) durch $B_m = \bigcap_{n \in N_m} (\tau_n \to n)$ mit $\tau_n \in L$ darstellbar, so ist die $\bigvee$-Kongruenzrelation Θ (in Hilfssatz 3.11) wegen Hilfssatz 3.12 die Gleichheitsrelation in $\underset{\sim}{\mathfrak{B}}(G, M, U, I)$, d. h., α ist die identische Abbildung auf $\underset{\sim}{\mathfrak{B}}(G, M, U, I)$. Satz 3.2 liefert

$$\underset{\sim}{\mathfrak{B}}(G, M, U, I) \cong \underset{\sim}{\mathfrak{B}}(G, N, S)$$

mit $\varphi : (A, B) \mapsto (A, \sigma B)$ als zugehörigem Isomorphismus.

$(A, \sigma B) \in \underset{\sim}{\mathfrak{B}}(G, N, S)$ impliziert einerseits $(\sigma B)' = A$ in (G, N, S). In (G, M, U, I) gilt dann $(\varrho\sigma B)' = A$ wegen Hilfssatz 3.9 und wegen Hilfssatz 3.3 somit $\varrho\sigma B \underset{\sim}{\supseteq} (\varrho\sigma B)'' = A' = B$. Andererseits gilt mit $B_m = \bigcap_{n \in N_m} (\tau_n \to n)$

$$\begin{aligned}
&\mu_{(\varrho\sigma B)_m}(x) \\
&= \bigwedge_{n \in N_m} \left(\bigwedge_{y \in X_m} \left(\bigwedge_{k \in N_m} (\tau_k \to \mu_k(y)) \to \mu_n(y) \right) \to \mu_n(x) \right) \\
&\leq \bigwedge_{n \in N_m} \left(\bigwedge_{y \in X_m} ((\tau_n \to \mu_n(y)) \to \mu_n(y)) \to \mu_n(x) \right) \qquad \text{(wegen (1),(6))} \\
&\leq \bigwedge_{n \in N_m} (\tau_n \to \mu_n(x)) = \mu_{B_m}(x) \qquad \text{(wegen (7),(6))}
\end{aligned}$$

für jedes $x \in X_m$, d. h. $\varrho\sigma B \underset{\sim}{\subseteq} B$. Somit gilt $(A, B) = (A, \varrho\sigma B)$. Für die zu φ inverse Abbildung gilt also

$$\varphi^{-1} : (A, B) \mapsto (A, \varrho B).$$

□

Es seien $M(L)$ die Menge aller $\bigwedge$-irreduziblen Elemente von L und $I(L)$ die Menge aller „$\to$-*irreduziblen*" Elemente von L, d. h. aller $\nu \in L$, die der Bedingung

$$\tau \to \lambda = \nu \Longrightarrow \lambda = \nu \quad \text{für alle } \tau, \lambda \in L$$

genügen. Für LUKASIEWICZ-Logiken gilt $I(L) = \{0\}$, für GÖDEL-Logiken gilt $I(L) = L \setminus \{1\}$.

Jede Teilmenge K von L mit der Eigenschaft, daß für jedes Element $\lambda \in L$ eine Darstellung

$$\lambda = \bigwedge_{t \in T} (\tau_t \to \nu_t) \quad \text{mit} \quad \nu_t \in K, \tau_t \in L$$

existiert, wird als *MI-Basis* von L bezeichnet. Die Mengen $M(L)$ und $I(L)$

besitzen diese Eigenschaft. Ist L endlich und linear geordnet, so gilt $I(L) \subseteq K$ für jede MI-Basis K von L. Folgerung 2 liefert:

Folgerung 3. *K sei eine MI-Basis von L. Skaliert man den L-fuzzy-wertigen Kontext (G, M, U, I) bezüglich der Mengen*

$$N_m := \{(X_m \setminus \{x\}) \cup (x, \nu) : x \in X_m, \nu \in K\}$$

von Merkmalsausprägungen, so gilt für den zugehörigen Begriffsverband

$$\underline{\mathfrak{B}}(G, N, S) \cong \underline{\mathfrak{B}}(G, M, U, I)$$

mit

$$\varphi : (A, B) \mapsto (A, \sigma B),$$
$$\varphi^{-1} : (A, B) \mapsto (A, \varrho B)$$

als zugehörigem Isomorphismus und dessen inverser Abbildung.

Beweis. Ist K eine MI-Basis von L, so existiert für jede Fuzzy-Menge $B_m \subseteq X_m$ eine Darstellung $\mu_{B_m}(x) = \bigwedge_{t \in T}(\tau_t \to \nu_t)$ mit $\nu_t \in K$, $\tau_t \in L$ (T: Indexmenge), d. h., jeder Begriffsinhalt $B = (B_m : m \in M)$ in (G, M, U, I) ist unter Berücksichtigung der Definition von N_m durch $B_m = \bigcap_{n \in N_m}(\tau_n \to n)$ mit $\tau_n \in L$ darstellbar. Folgerung 2 liefert die Behauptung. □

Da beispielsweise die dem L-fuzzy-wertigen Kontext (G, M, U, I) in Abbildung 3.4 zugrundeliegende L-Fuzzy-Algebra der dreiwertigen ŁUKASIEWICZ-Logik entspricht, gilt für die Menge aller $\to$-irreduziblen Elemente $I(L) = \{0\}$. Durch Skalierung des fuzzy-wertigen Kontextes (G, M, U, I) bezüglich der Mengen

$$N_m := \{X_m \setminus \{x\} : x \in X_m\}$$

von Merkmalsausprägungen erhält man den in Abbildung 3.12 dargestellten abgeleiteten Kontext (G, N, S). Dabei wird hier jede Fuzzy-Menge $X_m \setminus \{x\}$ abkürzend durch x bezeichnet. Da die Fuzzy-Werte des fuzzy-wertigen Kontextes (G, M, U, I) durch stückweise konstante Zugehörigkeitsfunktionen charakterisiert wurden (siehe Abbildung 3.4), ist es ausreichend, aus jedem der Intervalle ein Element $x \in X_m$ auszuwählen, weil die weiteren Spalten des skalierten Kontextes durch Bereinigen gestrichen werden können. Nach Folgerung 3 gilt für den zugehörigen Fuzzy-Begriffsverband

$$\underline{\mathfrak{B}}(G, N, S) \cong \underline{\mathfrak{B}}(G, M, U, I).$$

	7	9	11	150	170	190	210
F1	1	$\frac{1}{2}$	0	1	1	$\frac{1}{2}$	0
F2	1	0	1	1	$\frac{1}{2}$	0	0
F3	1	0	0	$\frac{1}{2}$	0	0	0
F4	1	0	0	1	1	$\frac{1}{2}$	0

Abb. 3.12. Abgeleiteter Kontext zum fuzzy-wertigen Kontext „Fahrzeuge“

Folgerung 4. *Wird der L-fuzzy-wertige Kontext* (G, M, U, I) *bezüglich der Mengen*

$$N_m := \left\{ \bigcup_{g \in G} (\nu_g \cdot m(g)) : \nu_g \in L \right\}$$

von Merkmalsausprägungen skaliert, so gilt für den zugehörigen Begriffsverband

$$\underline{\mathfrak{B}}(G, N, S) \cong \underline{\mathfrak{B}}(G, M, U, I)$$

mit

$$\varphi : (A, B) \mapsto (A, \sigma B),$$
$$\varphi^{-1} : (A, B) \mapsto (A, \varrho B)$$

als zugehörigem Isomorphismus und dessen inverser Abbildung.

Beweis. N_m ist wegen Hilfssatz 3.1 die Menge der m-ten Komponenten aller Begriffsinhalte von (G, M, U, I), d. h., für jedes $m \in M$ und jeden Begriffsinhalt $B = (B_m : m \in M)$ existiert ein $n \in N_m$ mit $B_m = n$. Somit liefert Folgerung 2 die Behauptung.

□

Wird als Beispiel der fuzzy-wertige Kontext in Abbildung 3.4 bezüglich der Mengen

$$N_m := \left\{ \bigcup_{g \in G} (\nu_g \cdot m(g)) : \nu_g \in L \right\}$$

von Merkmalsausprägungen (siehe Abbildung 3.13) skaliert, so ergibt sich der in Abbildung 3.14 dargestellte abgeleitete Kontext.

Für den zugehörigen Fuzzy-Begriffsverband gilt nach Folgerung 4 entsprechend wieder

$$\underline{\mathfrak{B}}(G, N, S) \cong \underline{\mathfrak{B}}(G, M, U, I).$$

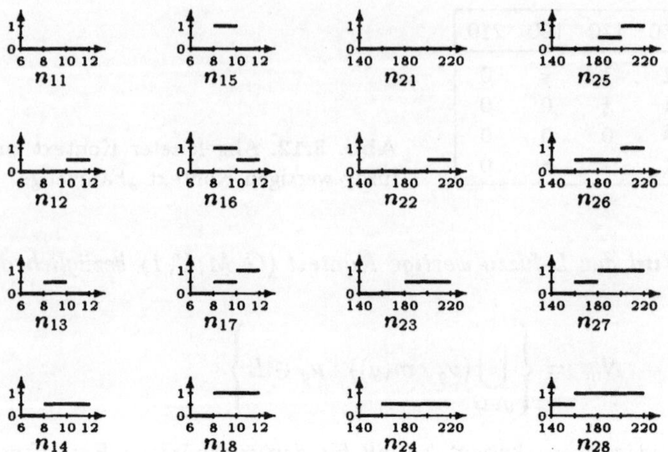

Abb. 3.13. Zugehörigkeitsfunktionen von Merkmalsausprägungen

	n_{11}	n_{12}	n_{13}	n_{14}	n_{15}	n_{16}	n_{17}	n_{18}	n_{21}	n_{22}	n_{23}	n_{24}	n_{25}	n_{26}	n_{27}	n_{28}
F1	0	$\frac{1}{2}$	0	$\frac{1}{2}$	0	$\frac{1}{2}$	1	1	0	$\frac{1}{2}$	$\frac{1}{2}$	$\frac{1}{2}$	1	1	1	1
F2	0	0	$\frac{1}{2}$	$\frac{1}{2}$	1	1	$\frac{1}{2}$	1	0	0	$\frac{1}{2}$	$\frac{1}{2}$	$\frac{1}{2}$	$\frac{1}{2}$	1	1
F3	0	0	0	$\frac{1}{2}$	0	$\frac{1}{2}$	$\frac{1}{2}$	1	0	0	0	$\frac{1}{2}$	0	$\frac{1}{2}$	$\frac{1}{2}$	1
F4	0	0	0	$\frac{1}{2}$	0	$\frac{1}{2}$	$\frac{1}{2}$	1	0	$\frac{1}{2}$	$\frac{1}{2}$	$\frac{1}{2}$	1	1	1	1

Abb. 3.14. Abgeleiteter Kontext zum fuzzy-wertigen Kontext „Fahrzeuge“

3.3 Zusammenhang zwischen fuzzy-wertigen und mehrwertigen Kontexten

Im folgenden soll gezeigt werden, in welchem Sinne fuzzy-wertige Kontexte als Verallgemeinerung (skalierter) mehrwertiger Kontexte aufgefaßt werden können. L_0 sei die L-Fuzzy-Algebra mit der Trägermenge $\{0, 1\}$ (vgl. Abschnitt 2.1). Jedem skalierten mehrwertigen Kontext entspricht ein L_0-fuzzy-wertiger Kontext, dessen Fuzzy-Werte durch die Skalen des mehrwertigen Kontextes charakterisiert werden.

Ist zunächst (G, M, U, I) ein beliebiger L-fuzzy-wertiger Kontext mit $U \subseteq \bigcup_{m \in M} \mathcal{F}(X_m)$ und sind $N_m \subseteq \mathcal{F}(X_m)$ $(m \in M)$ Mengen von Merkmalsausprägungen, so werden *Skalen*

$$\mathbb{S}_m := (G_m, N_m, I_m)$$

durch

$$G_m := m(G),$$
$$I_m \underset{\sim}{\subseteq} G_m \times N_m,$$
$$\mu_{I_m}(u,n) := \text{tv}(„u \underset{\sim}{\subseteq} n“) = \bigwedge_{x \in X_m} (\mu_u(x) \to \mu_n(x))$$

definiert. Die folgende Aussage ergibt sich dann unmittelbar aus den Definitionen des abgeleiteten Kontextes und der L-Fuzzy-Relation I_m:

Hilfssatz 3.13. *Wird der L-fuzzy-wertige Kontext* (G, M, U, I) *bezüglich der Mengen* N_m *von Merkmalsausprägungen skaliert, so erhält man als abgeleiteten Kontext den L-Fuzzy-Kontext* (G, N, S) *mit*

$$\mu_S(g,n) = \mu_{I_m}(m(g), n)$$

für alle $g \in G$*,* $m \in M$*,* $n \in N_m$*.*

Beispielsweise erhält man für den fuzzy-wertigen Kontext in Abbildung 3.3 bzw. 3.4 und die in Abbildung 3.8 angegebene Menge von Merkmalsausprägungen die in Abbildung 3.15 dargestellten Skalen. Der zugehörige abgeleitete

	sparsam	sehr sparsam
zieml. hoch	0	0
8-10 l/100 km	$\frac{1}{2}$	0
mindestens 8 l/100 km	0	0

	mind. 180 km/h	zieml. schnell
schnell	1	1
zieml. schnell	$\frac{1}{2}$	1
nicht ganz so schnell wie F2	0	$\frac{1}{2}$

Abb. 3.15. Skalen zum fuzzy-wertigen Kontext „Fahrzeuge“

Kontext ist in Abbildung 3.9 dargestellt.

Die Menge U des L_0-fuzzy-wertigen Kontextes (G, M, U, I) ist eine Menge scharfer Teilmengen der Grundbereiche X_m $(m \in M)$. Da $I \subseteq G \times M \times U$ gilt, kann jeder L_0-fuzzy-wertige Kontext (G, M, U, I) auch als mehrwertiger Kontext aufgefaßt werden.

Wird der L_0-fuzzy-wertige Kontext bezüglich der Mengen N_m von Merkmalsausprägungen (d. h. von scharfen Mengen) skaliert, so erhält man nach Hilfssatz 3.13 als abgeleiteten Kontext den einwertigen Kontext (G, N, S) mit

$$gSn \iff m(g) I_m n$$

für alle $g \in G$, $m \in M$, $n \in N_m$, wobei

$$I_m \subseteq G_m \times N_m,$$
$$uI_mn \iff u \subseteq n$$

gilt. Somit ergibt sich die folgende Aussage:

Hilfssatz 3.14. *Wird der L_0-fuzzy-wertige Kontext (G, M, U, I) einerseits bezüglich der Mengen N_m von Merkmalsausprägungen und andererseits als mehrwertiger Kontext bezüglich der Skalen $\mathbb{S}_m = (G_m, N_m, I_m)$ mit*

$$G_m = m(G),$$
$$uI_mn \iff u \subseteq n$$

skaliert, so sind die beiden abgeleiteten Kontexte isomorph.

Folgerung 3 zu Satz 3.2 liefert:

Hilfssatz 3.15. *Skaliert man den L_0-fuzzy-wertigen Kontext (G, M, U, I) bezüglich der Mengen*

$$N_m := \{X_m \setminus \{x\} : x \in X_m\}$$

von Merkmalsausprägungen, so gilt für den zugehörigen abgeleiteten Kontext (G, N, S)

$$\underline{\mathfrak{B}}(G, N, S) \cong \underline{\mathfrak{B}}(G, M, U, I).$$

Die angekündigte Zuordnung zwischen L_0-fuzzy-wertigen Kontexten und skalierten mehrwertigen Kontexten (deren zugehörige Begriffsverbände jeweils isomorph sind) kann wie folgt vorgenommen werden: K_S sei die Menge aller Isomorphieklassen von Paaren $(\mathbb{K}_W, \mathbb{S})$, wobei $\mathbb{K}_W = (G, M, W, I)$ ein (vollständiger) mehrwertiger Kontext ist, $\mathbb{S} = (\mathbb{S}_m : m \in M)$ gilt, $\mathbb{S}_m = (G_m, M_m, I_m)$ Skalenkontexte sind sowie die folgenden Bedingungen erfüllt sind:

$$W = \dot{\bigcup_{m \in M}} W_m,$$
$$W_m = m(G) = G_m,$$
$$\mathbb{S}_m \text{ ist zeilenbereinigt.}$$

K_{L_0} sei die Menge aller Isomorphieklassen von L_0-fuzzy-wertigen Kontexten $\mathbb{K}_U = (G, M, U, I)$ mit

$$U = \dot{\bigcup_{m \in M}} U_m,$$
$$U_m = m(G) \subseteq \mathcal{P}(X_m).$$

Dann gilt die folgende Aussage:

Satz 3.3. *Durch*

$$\varphi(G, M, U, I) = ((G, M, U, I), ((m(G), X_m, I_m) : m \in M))$$

mit

$$uI_m x :\Longleftrightarrow x \notin u$$

wird eine bijektive Abbildung von K_{L_0} auf K_S definiert. Ist (G, X, J_X) der zu $\varphi(G, M, U, I)$ gehörige abgeleitete Kontext, so gilt

$$\underline{\mathfrak{B}}(G, M, U, I) \cong \underline{\mathfrak{B}}(G, X, J_X),$$

vermittelt durch

$$(A, (B_m : m \in M)) \mapsto \left(A, \dot{\bigcup_{m \in M}} (X_m \setminus B_m) \right).$$

Beweis. Die durch

$$\psi((G, M, W, I_W), ((G_m, M_m, I_m) : m \in M)) := (G, M, U, I_U)$$

mit

$$X_m := M_m,$$
$$U := \dot{\bigcup_{m \in M}} U_m,$$
$$U_m := \{M_m \setminus \{w\}' : w \in G_m\} \subseteq \mathcal{P}(M_m),$$
$$(g, m, u) \in I_U :\Longleftrightarrow (g, m, w) \in I_W \text{ und } u = M_m \setminus \{w\}'$$

definierte Abbildung von K_S auf K_{L_0} wird sich als die zu φ inverse Abbildung erweisen.

Die Definitionen von φ und ψ sind vertreterunabhängig. Für den Beweis des ersten Teiles des Satzes genügt es daher, die folgenden Aussagen zu verifizieren:

$$\varphi(\boldsymbol{K}_U) \in K_S \quad \text{für jedes } \boldsymbol{K}_U \in K_{L_0}, \tag{I}$$
$$\psi(\boldsymbol{K}_W, S) \in K_{L_0} \quad \text{für jedes } (\boldsymbol{K}_W, S) \in K_S, \tag{II}$$
$$\psi\varphi(\boldsymbol{K}_U) \cong \boldsymbol{K}_U \quad \text{für jedes } \boldsymbol{K}_U \in K_{L_0}, \tag{III}$$
$$\varphi\psi(\boldsymbol{K}_W, S) \cong (\boldsymbol{K}_W, S) \quad \text{für jedes } (\boldsymbol{K}_W, S) \in K_S. \tag{IV}$$

(I): $\mathbb{K}_U = (G, M, U, I)$ kann, wie oben begründet wurde, als mehrwertiger Kontext aufgefaßt werden. Wegen der Voraussetzungen über K_{L_0} muß lediglich bewiesen werden, daß der Skalenkontext $(m(G), X_m, I_m)$ zeilenbereinigt ist. Dies ist der Fall, da für alle $u_1, u_2 \in m(G)$

$$u_1{}' = u_2{}' \iff \forall x \in X_m (x \notin u_1 \iff x \notin u_2) \iff u_1 = u_2$$

gilt.

(II) folgt unmittelbar aus der Definition von ψ und den Voraussetzungen über K_S.

(III): Es gilt

$$\begin{aligned}\psi\varphi(G, M, U, I) &= \psi((G, M, U, I), ((m(G), X_m, I_m) : m \in M)) \\ &= (G, M, V, I_V)\end{aligned}$$

mit

$$\begin{aligned}&uI_m x \iff x \notin u, \\ &V = \dot{\bigcup_{m\in M}} V_m, V_m = \{X_m \setminus \{u\}' : u \in m(G)\}, \\ &(g, m, v) \in I_V \iff (g, m, u) \in I \text{ und } v = X_m \setminus \{u\}'.\end{aligned}$$

Im Skalenkontext $(m(G), X_m, I_m)$ gilt

$$\{u\}' = \{x \in X_m : uI_m x\} = \{x \in X_m : x \notin u\},$$

woraus $X_m \setminus \{u\}' = u$ und somit $V_m = U_m$ und $V = U$ sowie $I_V = I$ folgt.

(IV): Es gilt

$$\begin{aligned}&\varphi\psi((G, M, W, I_W), ((W_m, M_m, I_m) : m \in M)) \\ &= \varphi(G, M, U, I_U) \\ &= ((G, M, U, I_U), ((U_m, M_m, J_m) : m \in M))\end{aligned}$$

mit

$$\begin{aligned}&U := \dot{\bigcup_{m\in M}} U_m,\ \ U_m := \{M_m \setminus \{w\}' : w \in W_m\} \subseteq \mathcal{P}(M_m), \\ &(g, m, u) \in I_U :\iff (g, m, w) \in I_W \text{ und } u = M_m \setminus \{w\}', \\ &uJ_m x \iff x \notin u.\end{aligned}$$

Da der Skalenkontext (W_m, M_m, I_m) zeilenbereinigt ist, wird durch

$$\varphi_m : W_m \to U_m \text{ mit } \varphi_m(w) := M_m \setminus \{w\}'$$

eine bijektive Abbildung definiert. Für die Relationen gilt dann

$$(g, m, u) \in I_U \iff (g, m, w) \in I_W \text{ und } u = \varphi_m(w)$$

und

$$\begin{aligned}(\varphi_m(w))J_m x &\iff x \notin \varphi_m(w)\\ &\iff x \notin (M_m \setminus \{w\}')\\ &\iff x \notin (M_m \setminus \{x \in M_m : wI_m x\})\\ &\iff wI_m x,\end{aligned}$$

woraus

$$\begin{aligned}&((G, M, W, I_W), ((W_m, M_m, I_m) : m \in M))\\ &\cong ((G, M, U, I_U), ((U_m, M_m, J_m) : m \in M))\end{aligned}$$

folgt.

Der zweite Teil des Satzes folgt aus den Hilfssätzen 3.14 und 3.15:
Es gilt

$$(m(G), \{X_m \setminus \{x\} : x \in X_m\}, J_m) \cong (m(G), X_m, I_m)$$

mit

$$\begin{aligned}&uJ_m(X_m \setminus \{x\}) \iff u \subseteq X_m \setminus \{x\} \iff x \notin u,\\ &uI_m x \iff x \notin u.\end{aligned}$$

Daher gehören

$$\varphi(G, M, U, I) = ((G, M, U, I), ((m(G), X_m, I_m) : m \in M))$$

und

$$((G, M, U, I), ((m(G), \{X_m \setminus \{x\} : x \in X_m\}, J_m) : m \in M))$$

zur gleichen Isomorphieklasse aus K_S. (G, N, J_N) sei der zu letzterem gehörige abgeleitete Kontext. Der Isomorphismus zwischen den Begriffsverbänden $\underline{\mathfrak{B}}(G, N, J_N)$ und $\underline{\mathfrak{B}}(G, X, J_X)$ wird durch

$$(A, B) \mapsto \left(A, \dot{\bigcup_{m \in M}} \{x \in X_m : X_m \setminus \{x\} \in B\}\right)$$

vermittelt. (G, N, S) sei der durch Skalierung bezüglich

$$N_m = \{X_m \setminus \{x\} : x \in X_m\}$$

abgeleitete Kontext des fuzzy-wertigen Kontextes (G, M, U, I). Nach Hilfssatz 3.14 gilt dann

$$(G, N, S) \cong (G, N, J_N).$$

Die Isomorphie zwischen den zugehörigen Begriffsverbänden wird durch

$$(A, B) \mapsto (A, B)$$

bewirkt. Hilfssatz 3.15 liefert

$$\underline{\mathfrak{B}}(G, M, U, I) \cong \underline{\mathfrak{B}}(G, N, S).$$

Diese Isomorphie wird nach Satz 3.2 durch

$$(A, B) \mapsto (A, \sigma B),$$

d. h. durch

$$(A, (B_m : m \in M)) \mapsto \left(A, \dot{\bigcup_{m \in M}} \{X_m \setminus \{x\} : x \notin B_m\}\right)$$

vermittelt.

□

Der Zusammenhang zwischen L_0-fuzzy-wertigen Kontexten und skalierten mehrwertigen Kontexten soll am folgenden Beispiel veranschaulicht werden: Dem mehrwertigen Kontext (G, M, W, I) in Abbildung 3.16 (siehe [18], Abbildung 1.13) werden in [18] die in Abbildung 3.17 angegebenen Skalen zugeordnet. Werden die Werte von (G, M, W, I) entsprechend Satz 3.3 als L_0-

	Au	Ab	F	E	R	B	W
Standard	−	+	+	u	+	m	++
Front	+	−	++	u	++	sg	+
Heck	++	++	−−	ü	−	g	−−
Mittel	++	++	+	n	−−	g	−−
Allrad	++	++	+	u/n	+	h	−

Abb. 3.16. Mehrwertiger Kontext aus [18] [3]

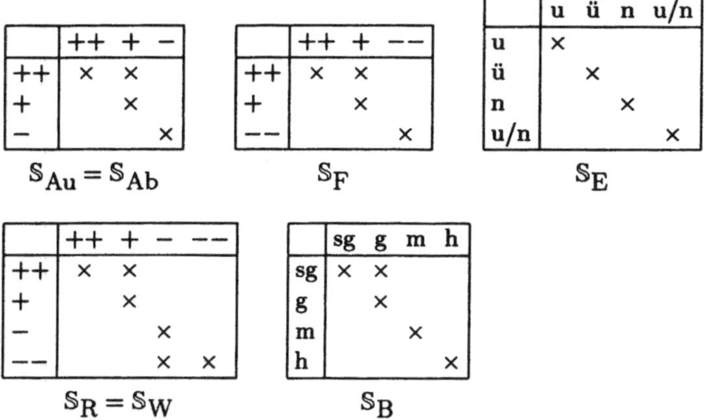

Abb. 3.17. Skalen zum mehrwertigen Kontext aus [18] [3]

Fuzzy-Mengen interpretiert, so erhält man den L_0-fuzzy-wertigen Kontext in Abbildung 3.18, dessen Begriffsverband zu dem des abgeleiteten mehrwertigen Kontextes isomorph ist.

	Au	Ab	F	E	R	B	W
Standard	{++, +}	{++, −}	{++, −−}	{ü,n,u/n}	{++, −, −−}	{sg,g,h}	{−, −−}
Front	{++, −}	{++, +}	{−−}	{ü,n,u/n}	{−, −−}	{m,h}	{++, −, −−}
Heck	{−}	{−}	{++, +}	{u,n,u/n}	{++, +, −−}	{sg,m,h}	{++, +}
Mittel	{−}	{−}	{++, −−}	{u,ü,u/n}	{++, +}	{sg,m,h}	{++, +}
Allrad	{−}	{−}	{++, −−}	{u,ü,n}	{++, −, −−}	{sg,g,m}	{++, +, −−}

Abb. 3.18. L_0-fuzzy-wertiger Kontext zum mehrwertigen Kontext aus [18] [3]

[3] Au := Antriebswirkung unbeladen; Ab := Antriebswirkung beladen; F := Fahrstabilität; E := Eigenlenkverhalten; R := Raumausnutzung; B := Bauaufwand; W := Wartungsfreundlichkeit; ++ := sehr gut; + := gut; − := schlecht; −− := sehr schlecht; u := untersteuernd; ü := übersteuernd; n := neutral; sg := sehr gering; g := gering; m := mittel; h := hoch

Abb. 3.17. Skalen zum mehrwertigen Kontext aus [?8]

Fuzzy-Mengen interpretiert, so erhält man den (6-)fuzzy-wertigen Kontext in Abbildung 3.18, dessen Begriffsverband zu dem des abgeleiteten mehrwertigen Kontextes isomorph ist.

	Au	Ab	F	E	[illegible]	[illegible]	W
Standard	[illegible]	[illegible]	[illegible]	[illegible]	[illegible]	[illegible]	[illegible]
Gast	[illegible]	[illegible]	[illegible]	[illegible]	[illegible]	[illegible]	[illegible]
Haus	[illegible]	[illegible]	[illegible]	[illegible]	[illegible]	[illegible]	[illegible]
Mittel	[illegible]	[illegible]	[illegible]	[illegible]	[illegible]	[illegible]	[illegible]
Allrad	[illegible]	[illegible]	[illegible]	[illegible]	[illegible]	[illegible]	[illegible]

Abb. 3.18. L-fuzzy-wertiger Kontext zum mehrwertigen Kontext aus [?8]

[illegible] Au = Autobewertung ..., Ab = Abschlussbewertung ..., F = Fahrverhalten, E = Eigenschaftsbewertung, H = Hausmontierung, B = Rundwand. Wertebereich: ++ = sehr gut, + = gut, − = mäßig, −− = sehr schlecht, u = unzureichend, ü = überstehend, n = neutral, s = sehr stark, z = zentral, m = mittel, k = gedr.

4. Merkmalimplikationen

4.1 Implikationen zwischen Merkmalen in Fuzzy-Kontexten

Für Fuzzy-Kontexte kann (wie für einwertige Kontexte) die Gültigkeit von Implikationen zwischen Merkmalen definiert werden. Die im Fuzzy-Kontext geltenden Implikationen sind im Diagramm des zugehörigen Fuzzy-Begriffsverbandes ablesbar, andererseits kann der Fuzzy-Begriffsverband aus den im Fuzzy-Kontext gültigen Implikationen ermittelt werden. Auch die Frage nach der Gültigkeit von Implikationen in Fuzzy-Kontexten kann auf das analoge Problem für einwertige Kontexte zurückgeführt werden.

In bezug auf einen Fuzzy-Kontext (G, M, R) ist „A impliziert B" (abgekürzt: „$A \to B$", $A, B \underset{\sim}{\subseteq} M$) eine Aussage der Form „umfaßt die Menge der Merkmale eines Gegenstandes die Fuzzy-Menge $A \underset{\sim}{\subseteq} M$, so enthält sie auch die Fuzzy-Menge $B \underset{\sim}{\subseteq} M$". Für den Quasiwahrheitswert dieser Aussage gilt:

$$\begin{aligned}
\operatorname{tv}(\text{„}A \to B\text{"}) &:= \operatorname{tv}(\forall g \in G\ ((\forall m \in A\ \text{„}g \text{ hat } m\text{"}) \to (\forall n \in B\ \text{„}g \text{ hat } n\text{"}))) \\
&= \bigwedge_{g \in G} \left(\bigwedge_{m \in M} (\mu_A(m) \to \mu_R(g, m)) \to \bigwedge_{n \in M} (\mu_B(n) \to \mu_R(g, n)) \right) \\
&= \operatorname{tv}(\text{„}A' \underset{\sim}{\subseteq} B'\text{"}) \qquad \text{(siehe Abschnitt 1.2)} \\
&= \operatorname{tv}(\text{„}B \underset{\sim}{\subseteq} A''\text{"}) \qquad \text{(wegen (12) und (4)).}
\end{aligned}$$

Die Gültigkeit einer Implikation $A \to B$ ($A, B \underset{\sim}{\subseteq} M$) bezüglich des Fuzzy-Kontextes (G, M, R) wird demgemäß – analog zu den Begriffsbildungen in der einwertigen Begriffsanalyse (vgl. [18], Definition 36) – in folgender Weise definiert:

Definition 4.1. *Die Fuzzy-Menge $E \underset{\sim}{\subseteq} M$* respektiert *genau dann die Implikation $A \to B$, wenn*

$$\operatorname{tv}(\text{„}A \underset{\sim}{\subseteq} E\text{"}) \le \operatorname{tv}(\text{„}B \underset{\sim}{\subseteq} E\text{"})$$

gilt. E respektiert die Menge $\mathcal{L}$ von Implikationen genau dann, wenn E jede Implikation aus $\mathcal{L}$ respektiert. $A \to B$ gilt *genau dann für das System $\{E_1, E_2, \ldots\}$ von Fuzzy-Teilmengen von M, wenn jede der Fuzzy-Mengen E_i die Implikation $A \to B$ respektiert. $A \to B$* gilt im Fuzzy-Kontext *(oder ist eine* Implikation des Fuzzy-Kontextes*) (G, M, R) genau dann, wenn sie im System aller „Zeileninhalte" g' (mit $g \in G$) gilt.*

Im folgenden werden die Eigenschaft einer Fuzzy-Menge, eine Implikation zu respektieren, und die Gültigkeit einer Implikation in einem Fuzzy-Kontext auf verschiedene Weise charakterisiert.

Hilfssatz 4.1. *Für alle $E, A \subsetapprox M$, $\nu \in L$ gilt*

$$\nu \cdot A \subsetapprox E \iff \nu \leq \text{tv}\,(\text{„}A \subsetapprox E\text{“}).$$

Beweis. Es gilt

$$\begin{aligned}
\nu \cdot A \subsetapprox E &\iff \nu \cdot \mu_A(m) \leq \mu_E(m) \text{ für jedes } m \in M \\
&\iff \nu \leq \mu_A(m) \to \mu_E(m) \text{ für jedes } m \in M \qquad \text{(wegen (3))} \\
&\iff \nu \leq \bigwedge_{m \in M} (\mu_A(m) \to \mu_E(m)) \qquad \text{(wegen (1))} \\
&\iff \nu \leq \text{tv}\,(\text{„}A \subsetapprox E\text{“}).
\end{aligned}$$

□

Hilfssatz 4.1 liefert:

Folgerung. *Für alle Fuzzy-Mengen $A, B, E \subsetapprox M$ sind die folgenden Aussagen paarweise äquivalent:*

$$E \text{ respektiert } A \to B,$$
$$\nu \cdot A \subsetapprox E \implies \nu \cdot B \subsetapprox E \text{ für jedes } \nu \in L,$$
$$\text{tv}\,(\text{„}A \subsetapprox E\text{“}) \cdot B \subsetapprox E.$$

Hilfssatz 4.2. *Für jeden Fuzzy-Kontext (G, M, R) sind die folgenden Aussagen paarweise äquivalent:*

$$A \to B \text{ gilt in } (G, M, R), \tag{I}$$
$$\nu \cdot A \subsetapprox g' \implies \nu \cdot B \subsetapprox g' \text{ für alle } g \in G, \nu \in L, \tag{II}$$
$$A \subsetapprox (g, \nu)' \implies B \subsetapprox (g, \nu)' \text{ für alle } g \in G, \nu \in L, \tag{III}$$
$$A \subsetapprox E \implies B \subsetapprox E \text{ für jeden Begriffsinhalt } E \subsetapprox M, \tag{IV}$$
$$A \to B \text{ gilt im System aller Begriffsinhalte,} \tag{V}$$

$$B \subsetapprox A'', \tag{VI}$$
$$A' \subsetapprox B', \tag{VII}$$
$$\text{tv}\,(„A \to B") = 1. \tag{VIII}$$

Beweis. (I) und (II) sind nach der Folgerung zu Hilfssatz 4.1 äquivalent. Wegen (13) gilt $(g,\nu)' = \nu \to g'$. Also sind $A \subsetapprox (g,\nu)'$ und $\nu \cdot A \subsetapprox g'$ wegen (3) äquivalent und somit (II) und (III). Jeder Begriffsinhalt ist als C' mit einer geeigneten Fuzzy-Menge $C \subsetapprox G$ darstellbar. Aus $C = \bigcup_{g \in G}(g, \mu_C(g))$ und Hilfssatz 2.2 folgt $C' = \bigcap_{g \in G}(g, \mu_C(g))'$. Also gilt genau dann $A \subsetapprox C'$, wenn $A \subsetapprox (g, \mu_C(g))'$ für jedes $g \in G$ gilt, d. h., (III) ist zu (IV) äquivalent. (IV) gilt genau dann, wenn für alle $C \subsetapprox G, \nu \in L$

$$A \subsetapprox (\nu \cdot C)' \implies B \subsetapprox (\nu \cdot C)'$$

gilt. Wegen (13) und (3) ist $A \subsetapprox (\nu \cdot C)'$ zu $\nu \cdot A \subsetapprox C'$ äquivalent. Nach der Folgerung zu Hilfssatz 4.1 sind somit (IV) und (V) gleichbedeutend. Aus (IV) folgt (VI) wegen $A \subsetapprox A''$, da A'' Begriffsinhalt ist. $A \subsetapprox C'$ impliziert $A'' \subsetapprox C'$ wegen Hilfssatz 1.3. Also folgt (IV) aus (VI). (VI) und (VII) sind wegen Hilfssatz 2.1 gleichbedeutend. (VII) und (VIII) sind äquivalent, da (wie zu Beginn dieses Abschnittes festgestellt wurde) tv $(„A \to B") = $ tv $(„A' \subsetapprox B'")$ gilt. □

Um alle in einem Fuzzy-Kontext geltenden Implikationen angeben zu können, genügt es, die Quasiwahrheitswerte aller Aussagen der Form „A impliziert m" oder alle gültigen Implikationen der Form $A \to (m,\nu)$ zu kennen. Es gilt nämlich (siehe Beginn dieses Abschnittes)

$$\text{tv}\,(„A \to B") = \bigwedge_{m \in M} (\mu_B(m) \to \mu_{A''}(m)),$$
$$\text{tv}\,(„A \to (m,\nu)") = \nu \to \mu_{A''}(m),$$
$$\text{tv}\,(„A \to m") = \mu_{A''}(m).$$

Daher gilt im Fuzzy-Kontext die Implikation $A \to (m,\nu)$ wegen (5) (Abschnitt 1.2) genau dann, wenn $\nu \leq$ tv $(„A \to m")$ gilt, und $A \to B$ gilt genau dann, wenn $A \to (m, \mu_B(m))$ für jedes $m \in M$ gilt.

Aufgrund von Hilfssatz 3.3 lassen sich die Implikationen des Fuzzy-Kontextes im Diagramm des Fuzzy-Begriffsverbandes ablesen: Wegen Folgerung 1 zu Hilfssatz 2.4 und Hilfssatz 4.2 (I),(VII) gilt $A \to (m,\nu)$ im Fuzzy-Kontext genau dann, wenn der mit (m,ν) bezeichnete (Merkmals-) Begriff über dem Infimum (über alle $n \in M$) der mit $(n, \mu_A(n))$ bezeichneten (Merkmals-)Begriffe steht.

Hilfssatz 4.4 (und als Vorbereitung Hilfssatz 4.3) beinhaltet Eigenschaften der Implikationen von Fuzzy-Kontexten, die als Verallgemeinerung entsprechender Eigenschaften für einwertige Kontexte angesehen werden können.

Hilfssatz 4.3. *In jedem Fuzzy-Kontext* (G, M, R) *gilt:*

$$A_1 \subsetapprox A_2, B_2 \subsetapprox B_1 \implies \text{tv}\,(\text{„}A_1 \to B_1\text{“}) \leq \text{tv}\,(\text{„}A_2 \to B_2\text{“}), \tag{I}$$

$$\text{tv}\left(\text{„}A \to \bigcup_{t\in T} B_t\text{“}\right) = \bigwedge_{t\in T} \text{tv}\,(\text{„}A \to B_t\text{“}), \tag{II}$$

$$\text{tv}\left(\text{„}\bigcup_{t\in T} A_t \to \bigcup_{t\in T} B_t\text{“}\right) \geq \bigwedge_{t\in T} \text{tv}\,(\text{„}A_t \to B_t\text{“}), \tag{III}$$

$$\text{tv}\,(\text{„}A \to (\nu \cdot B)\text{“}) = \nu \to \text{tv}\,(\text{„}A \to B\text{“}). \tag{IV}$$

Beweis. (I) folgt aus (6), (II) aus (12).
(III) folgt aus (II), da wegen (I) gilt:

$$\text{tv}\left(\text{„}\bigcup_{s\in T} A_s \to B_t\text{“}\right) \geq \text{tv}\,(\text{„}A_t \to B_t\text{“}).$$

(IV): Es gilt

$$\begin{aligned}
\text{tv}\,(\text{„}A \to (\nu \cdot B)\text{“}) &= \bigwedge_{g\in G} (\mu_{A'}(g) \to \mu_{(\nu\cdot B)'}(g)) \\
&= \bigwedge_{g\in G} (\mu_{A'}(g) \to (\nu \to \mu_{B'}(g))) && \text{(wegen (13))} \\
&= \bigwedge_{g\in G} (\nu \to (\mu_{A'}(g) \to \mu_{B'}(g))) && \text{(wegen (4))} \\
&= \nu \to \text{tv}\,(\text{„}A \to B\text{“}) && \text{(wegen (12))}.
\end{aligned}$$

□

Hilfssatz 4.4. *Die Implikationen eines Fuzzy-Kontextes haben die folgenden Eigenschaften:*

$$B \subsetapprox A \implies A \to B, \tag{I}$$

$$A_1 \subsetapprox A_2,\ B_2 \subsetapprox B_1,\ A_1 \to B_1 \implies A_2 \to B_2, \tag{II}$$

$$A \to B_t \ \textit{für jedes}\ t \in T \iff A \to \bigcup_{t\in T} B_t, \tag{III}$$

$$A_t \to B_t \ \textit{für jedes}\ t \in T \implies \bigcup_{t\in T} A_t \to \bigcup_{t\in T} B_t, \tag{IV}$$

$$\nu \leq \text{tv}\,(\text{„}A \to B\text{“}) \iff A \to (\nu \cdot B), \tag{V}$$

$$(\nu \cdot A) \to (\nu \cdot B) \ \textit{für jedes}\ \nu \in L \iff A \to B. \tag{VI}$$

Beweis. (I): $B \subsetapprox A$ impliziert $A' \subsetapprox B'$ nach Hilfssatz 2.1.

(II), (III) und (IV) folgen aus Hilfssatz 4.3 (I),(II),(III).

(V) folgt wegen (5) aus Hilfssatz 4.3 (IV).

(VI): (II) (und damit (I)) in Hilfssatz 4.2 gilt genau dann, wenn für alle $g \in G$, $\lambda, \nu \in L$

$$(\lambda \cdot \nu) \cdot A \subsetapprox g' \implies (\lambda \cdot \nu) \cdot B \subsetapprox g',$$

d. h.

$$\lambda \cdot (\nu \cdot A) \subsetapprox g' \implies \lambda \cdot (\nu \cdot B) \subsetapprox g'$$

gilt. Dies ist nach Hilfssatz 4.2 (II),(I) genau dann der Fall, wenn $(\nu \cdot A) \to (\nu \cdot B)$ für jedes $\nu \in L$ gilt.

□

Wie im Fall einwertiger Kontexte lassen sich aufgrund des folgenden Hilfssatzes auch Fuzzy-Begriffsverbände aus den in Fuzzy-Kontexten gültigen Implikationen ermitteln (vgl. [18], Hilfssatz 20).

Hilfssatz 4.5. *Ist $\mathcal{L}$ eine Menge von Implikationen zwischen Fuzzy-Teilmengen von M, so ist*

$$\mathcal{H}(\mathcal{L}) := \{E \subsetapprox M : E \ \textit{respektiert} \ \mathcal{L}\}$$

ein Hüllensystem auf M. Ist $\mathcal{L}$ die Menge aller Implikationen eines Fuzzy-Kontextes, dann ist $\mathcal{H}(\mathcal{L})$ das System aller Fuzzy-Begriffsinhalte.

Beweis. Für alle $E_t \subsetapprox M$ ($t \in T$, T: Indexmenge), $A \subsetapprox M$, $\nu \in L$ gilt

$$\nu \cdot A \subsetapprox E_t \text{ für jedes } t \in T \iff \nu \cdot A \subsetapprox \bigcap_{t \in T} E_t.$$

Also gilt wegen der Folgerung zu Hilfssatz 4.1

$$E_t \in \mathcal{H}(\mathcal{L}) \text{ für jedes } t \in T \implies \bigcap_{t \in T} E_t \in \mathcal{H}(\mathcal{L}),$$

d. h., $\mathcal{H}(\mathcal{L})$ ist ein Hüllensystem. Ist $\mathcal{L}$ die Menge aller Implikationen des Fuzzy-Kontextes, so gehört wegen (I) und (V) in Hilfssatz 4.2 jeder Begriffsinhalt zu $\mathcal{H}(\mathcal{L})$. In jedem Fuzzy-Kontext gilt $E \to E''$ für jedes $E \subsetapprox M$. Also gilt $E'' \subsetapprox E$, wenn E die Menge $\mathcal{L}$ aller Implikationen respektiert, d. h., E ist Begriffsinhalt.

□

Für jede Fuzzy-Menge $E =: E_0 \lessapprox M$ kann die zu $\mathcal{H}(\mathcal{L})$ gehörige Hülle $\mathcal{L}(E)$ iterativ durch

$$E_{k+1} := E_k \cup \bigcup \{\text{tv}\,(\text{„}A \lessapprox E_k\text{“}) \cdot B : A \to B \in \mathcal{L}\}$$

berechnet werden, wenn $E_{n+1} = E_n$ für eine geeignete natürliche Zahl n gilt. Dann ist $\mathcal{L}(E) = E_n$. Insbesondere ist damit der Fuzzy-Begriffsverband eines Fuzzy-Kontextes bis auf Isomorphie eindeutig bestimmt, wenn $\mathcal{L}$ die Menge aller Implikationen dieses Fuzzy-Kontextes ist. Zu diesem Fuzzy-Begriffsverband isomorph ist der Fuzzy-Begriffsverband des Fuzzy-Kontextes $(\mathcal{H}(\mathcal{L}), M, R)$ mit $\mu_R(E, m) := \mu_E(m)$. Ist nämlich $\mathcal{L}$ eine Menge von Implikationen zwischen Fuzzy-Teilmengen von M, so sind die Begriffsinhalte dieses Fuzzy-Kontextes genau die $\mathcal{L}$ respektierenden Mengen. Alle in $(\mathcal{H}(\mathcal{L}), M, R)$ geltenden Implikationen „folgen“ aus $\mathcal{L}$. Wie im Fall einwertiger Kontexte ist die Frage nach der „Vollständigkeit“ und der „Unabhängigkeit“ von Implikationensystemen von Interesse. Analog [18], Definitionen 37 und 39, wird festgelegt:

Definition 4.2. *Die Implikation $A \to B$ $(A, B \lessapprox M)$* folgt *genau dann* (semantisch) *aus der Menge $\mathcal{L}$ von Implikationen, wenn jede Fuzzy-Teilmenge von M, die $\mathcal{L}$ respektiert, auch $A \to B$ respektiert. Die Menge $\mathcal{L}$ von Implikationen eines Fuzzy-Kontextes (G, M, R) ist genau dann* vollständig, *wenn jede Implikation von (G, M, R) aus $\mathcal{L}$ folgt. $\mathcal{L}$ ist genau dann* reduziert, *wenn keine der Implikationen dieser Menge aus den übrigen folgt.*

Aufgrund der Eigenschaften (I) bis (IV) in Hilfssatz 4.4 läßt sich auch die Definition der echten Implikationen (siehe [18], Definition 38) für Fuzzy-Kontexte (G, M, R) verallgemeinern.

Definition 4.3. *Die Fuzzy-Menge $A \lessapprox M$ ist genau dann eine* echte Prämisse, *wenn*

$$A'' \neq A \cup \bigcup \{C'' : C \lessapprox A, C \neq A\}$$

gilt. $A \to B$ ist genau dann eine echte Implikation, *wenn A eine echte Prämisse ist und*

$$\mu_B(m) = \begin{cases} \mu_{A''}(m), & \text{wenn } \mu_{A''}(m) \neq \mu_A(m) \vee \bigvee\{\mu_{C''}(m) : C \lessapprox A, C \neq A\}, \\ 0 & \text{sonst} \end{cases}$$

gilt.

Analog zum Fall einwertiger Kontexte (siehe [18], Hilfssatz 22) gilt:

Satz 4.1. *Sind L eine endliche L-Fuzzy-Algebra und (G, M, R) ein L-Fuzzy-Kontext mit endlicher Merkmalsmenge M, so ist die Menge aller echten Implikationen von (G, M, R) vollständig, und es gilt für jede Fuzzy-Teilmenge $E \underset{\sim}{\subseteq} M$*

$$\begin{aligned} E'' &= E \cup \bigcup \{B : A \to B \text{ ist echte Implikation mit } A \underset{\sim}{\subseteq} E\} \\ &= E \cup \bigcup \{\mathrm{tv}\,(„A \underset{\sim}{\subseteq} E") \cdot B : A \to B \text{ ist echte Implikation}\}. \end{aligned}$$

Beweis. Für jede (echte) Implikation $A \to B$ gilt $B \underset{\sim}{\subseteq} A''$. Wegen Hilfssatz 2.1 gilt daher

$$E'' \underset{\sim}{\supseteq} E \cup \bigcup \{B : A \to B \text{ ist echte Implikation mit } A \underset{\sim}{\subseteq} E\}.$$

Die Inklusion

$$E'' \underset{\sim}{\subseteq} E \cup \bigcup \{B : A \to B \text{ ist echte Implikation mit } A \underset{\sim}{\subseteq} E\}$$

folgt unter Ausnutzung der Endlichkeit von L und M aus der Definition der echten Implikationen: Ist

$$\mu_{E''}(m) \neq \mu_E(m) \vee \bigvee \{\mu_{C''}(m) : C \underset{\sim}{\subseteq} E, C \neq E\},$$

so ist E eine echte Prämisse, und für die echte Implikation $E \to F$ gilt $\mu_F(m) = \mu_{E''}(m)$, woraus

$$\mu_{E''}(m) \leq \mu_E(m) \vee \bigvee \{\mu_B(m) : A \to B \text{ echte Implikation, } A \underset{\sim}{\subseteq} E\}$$

folgt. Ist andererseits

$$\mu_{E''}(m) = \mu_E(m) \vee \bigvee \{\mu_{C''}(m) : C \underset{\sim}{\subseteq} E, C \neq E\},$$

so gilt wegen der Endlichkeit von L und M

$$\begin{aligned} &\mu_{E''}(m) = \mu_E(m) \vee \bigvee \{\mu_{C''}(m) : C \underset{\sim}{\subseteq} E, C \neq E, \\ &\mu_{C''}(m) \neq \mu_C(m) \vee \bigvee \{\mu_{D''}(m) : D \underset{\sim}{\subseteq} C, D \neq C\}\}, \end{aligned}$$

und

$$\mu_{E''}(m) \leq \mu_E(m) \vee \bigvee \{\mu_B(m) : A \to B \text{ echte Implikation, } A \underset{\sim}{\subseteq} E\}$$

folgt nach analogen Überlegungen wie oben (bezüglich C anstelle von E).

Da $A \subsetneqq E$ und tv („$A \subsetneqq E$“) $= 1$ äquivalente Aussagen sind, gilt

$$\begin{aligned}&\{B : A \to B \text{ ist echte Implikation mit } A \subsetneqq E\}\\ &\subseteq \{\text{tv}\,(„A \subsetneqq E“) \cdot B : A \to B \text{ ist echte Implikation}\}\end{aligned}$$

und somit

$$E'' \subsetneqq E \cup \bigcup \{\text{tv}\,(„A \subsetneqq E“) \cdot B : A \to B \text{ ist echte Implikation}\}.$$

Ist $\mathcal{L}$ die Menge aller echten Implikationen, so gilt für die oben definierte Hülle

$$E \cup \bigcup \{\text{tv}\,(„A \subsetneqq E“) \cdot B : A \to B \text{ ist echte Implikation}\} \subsetneqq \mathcal{L}(E) \subsetneqq E''.$$

Also gilt

$$\mathcal{L}(E) = E'' \text{ für jedes } E \subsetneqq M,$$

d. h., das in Hilfssatz 4.5 definierte Hüllensystem $\mathcal{H}(\mathcal{L})$ ist das System der Begriffsinhalte, und $\mathcal{L}$ ist vollständig.

□

Als Beispiel soll ein L-Fuzzy-Kontext betrachtet werden, dem die L-Fuzzy-Algebra mit der Trägermenge $\{0, a, b, c, 1\}$, deren Verbandsstruktur durch Abbildung 4.1 und deren Operationen $\cdot$ und $\to$ durch Abbildung 4.2 definiert sind, zugrunde liegt. Die echten Implikationen des L-Fuzzy-Kontextes

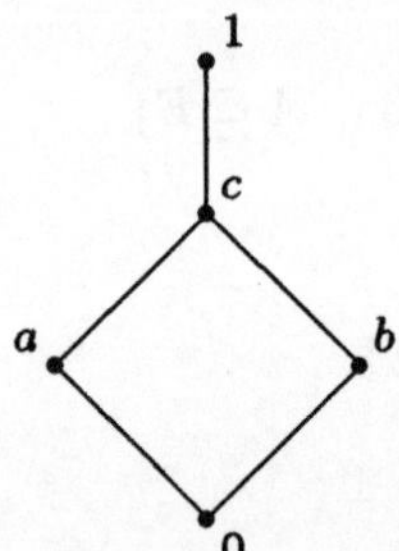

Abb. 4.1. Verbandsstruktur einer L-Fuzzy-Algebra mit der Trägermenge $\{0, a, b, c, 1\}$

in Abbildung 4.3, dessen Fuzzy-Begriffsverband in Abbildung 4.4 dargestellt ist, werden in Abbildung 4.5 angegeben. Die Menge der echten Implikationen eines Fuzzy-Kontextes enthält im allgemeinen noch Implikationen, die aufgrund von Eigenschaft (VI) in Hilfssatz 4.4 aus den übrigen folgen, wie zum Beispiel die Implikationen $(m_1, a) \to (m_2, a)$ und $(m_1, b) \to (m_2, b)$ in Abbildung 4.5 (beide folgen aus $(m_1, 1) \to (m_2, 1)$). Die Implikationenmenge bleibt

$\cdot$	0	a	b	c	1
0	0	0	0	0	0
a	0	0	0	0	a
b	0	0	0	0	b
c	0	0	0	0	c
1	0	a	b	c	1

$\rightarrow$	0	a	b	c	1
0	1	1	1	1	1
a	c	1	c	1	1
b	c	c	1	1	1
c	c	c	c	1	1
1	0	a	b	c	1

Abb. 4.2. Operationen $\cdot$ und $\rightarrow$ einer L-Fuzzy-Algebra mit der Trägermenge $\{0, a, b, c, 1\}$

	m_1	m_2
g_1	a	a
g_2	b	b
g_3	a	1

Abb. 4.3. Fuzzy-Kontext „Implikationen 1“

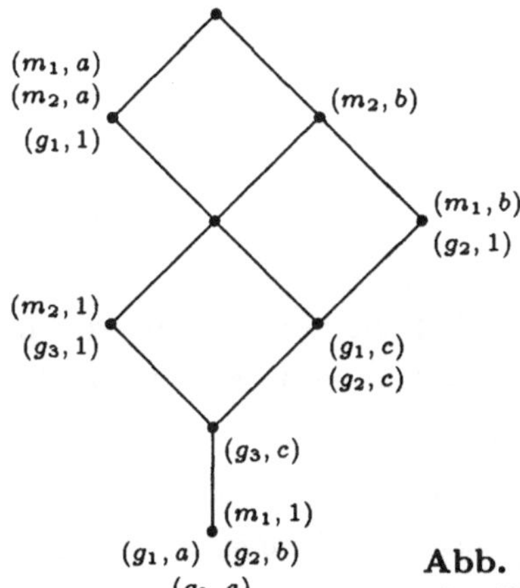

Abb. 4.4. Begriffsverband zum Fuzzy-Kontext „Implikationen 1“

$$\begin{aligned}
(m_1, a) &\rightarrow (m_2, a)\\
(m_1, b) &\rightarrow (m_2, b)\\
(m_1, 1) &\rightarrow (m_2, 1)\\
(m_2, a) &\rightarrow (m_1, a)
\end{aligned}$$

Abb. 4.5. Echte Implikationen des Fuzzy-Kontextes „Implikationen 1“

vollständig, wenn solche Implikationen weggelassen werden. Im allgemeinen ist die Implikationenmenge jedoch (wie bereits für einwertige Kontexte) auch dann noch nicht reduziert.

Aus einer vollständigen Implikationenmenge eines Fuzzy-Kontextes dürfen nicht gleichzeitig alle Implikationen, die aufgrund von Hilfssatz 4.4 aus anderen folgen, weggelassen werden, wie das folgende Beispiel zeigt: In Abbildung 4.6 wird ein L-Fuzzy-Kontext dargestellt, wobei L die durch die Abbildungen 1.8 und 1.9 definierte L-Fuzzy-Algebra mit der Trägermenge

$\{11, 10, 01, 00\}$ sei. Die in Abbildung 4.7 angegebenen Implikationen bilden eine vollständige Implikationenmenge, wobei sowohl $(m_1, 11) \to (m_2, 11)$ wegen Hilfssatz 4.4 (IV) aus $(m_1, 10) \to (m_2, 10)$ und $(m_1, 01) \to (m_2, 01)$, als auch $(m_1, 10) \to (m_2, 10)$ und $(m_1, 01) \to (m_2, 01)$ wegen Hilfssatz 4.4 (VI) aus $(m_1, 11) \to (m_2, 11)$ folgen. Die Implikationenmengen $\{(m_1, 10) \to (m_2, 10), (m_1, 01) \to (m_2, 01)\}$ und $\{(m_1, 11) \to (m_2, 11)\}$ sind reduziert und vollständig. Sind M und L endlich, so läßt sich für Fuzzy-Kontexte auch

	m_1	m_2
g_1	00	00
g_2	00	11

Abb. 4.6. Fuzzy-Kontext „Implikationen 2"

$$\begin{array}{lcl} (m_1, 10) & \to & (m_2, 10) \\ (m_1, 01) & \to & (m_2, 01) \\ (m_1, 11) & \to & (m_2, 11) \end{array}$$

Abb. 4.7. Vollständige Implikationenmenge zum Fuzzy-Kontext „Implikationen 2"

mittels des Begriffes „Pseudoinhalt" (siehe [18], Definition 40), der durch ordnungstheoretische Induktion definiert wird, ein vollständiges, aber im allgemeinen nicht reduziertes Implikationensystem beschreiben.

Definition 4.4. *Die Fuzzy-Menge $P \subsetapprox M$ ist genau dann* Pseudoinhalt *von (G, M, R), wenn $P \neq P''$ und $Q'' \subsetapprox P$ für jeden Pseudoinhalt $Q \subsetapprox P$ mit $Q \neq P$ gilt.*

Satz 4.2. *Die Menge*

$$\mathcal{L} := \{P \to P'' : \ P \ \textit{Pseudoinhalt}\}$$

von Implikationen eines Fuzzy-Kontextes (G, M, R) ist vollständig.

Beweis. (siehe [18], Satz 8) $\mathcal{L}$ gilt in (G, M, R). Jede $\mathcal{L}$ respektierende Fuzzy-Menge $E \subsetapprox M$ respektiert die Implikation $Q \to Q''$ für jeden Pseudoinhalt $Q \subsetapprox E$. Gilt $E \neq E''$, so ist E selbst Pseudoinhalt, und $E \to E''$ gehört zu $\mathcal{L}$, wird aber von E nicht respektiert. Also ist $\mathcal{H}(\mathcal{L})$ das System der Begriffsinhalte. Unter Berücksichtigung von Hilfssatz 4.5 folgt hieraus die Behauptung. □

Die zur Menge $\mathcal{L}$ in Satz 4.2 gehörenden Implikationen des Fuzzy-Kontextes in Abbildung 4.3 sind in Abbildung 4.8 angegeben. Diese Implikationen-

$$\begin{aligned}(m_1, a) &\to \{(m_1, a), (m_2, a)\}\\ (m_1, b) &\to \{(m_1, b), (m_2, b)\}\\ (m_2, a) &\to \{(m_1, a), (m_2, a)\}\\ \{(m_1, 1), (m_2, c)\} &\to \{(m_1, 1), (m_2, 1)\}\end{aligned}$$

Abb. 4.8. Implikationenmenge $\mathcal{L}$ zum Fuzzy-Kontext „Implikationen 1“

menge ist vollständig, aber nicht reduziert, da die Implikationen $(m_1, a) \to \{(m_1, a), (m_2, a)\}$ und $(m_1, b) \to \{(m_1, b), (m_2, b)\}$ wegen Hilfssatz 4.4 (VI) aus $\{(m_1, 1), (m_2, c)\} \to \{(m_1, 1), (m_2, 1)\}$ folgen.

Die Frage nach der Gültigkeit von Implikationen in Fuzzy-Kontexten läßt sich auf die nach der Gültigkeit von Implikationen in einwertigen Kontexten zurückführen. In Abschnitt 2.2 wurde zu jedem Fuzzy-Kontext (G, M, R) ein „doppelt skalierter“ Kontext (G_*, M_*, I_R) mit der Eigenschaft $\underline{\mathfrak{B}}(G, M, R) \cong \underline{\mathfrak{B}}(G_*, M_*, I_R)$ definiert. (G_*, M_*, I_R) ist ein einwertiger Kontext, dessen Implikationen mit Hilfe vorhandener Computerprogramme (z. B. [4]) berechnet werden können.

Eine Fuzzy-Menge A in M ist als Menge $A = \{(m, \mu_A(m)) : m \in M\}$ mit $\mu_A : M \to L$ definiert und kann daher auch als Teilmenge von $M_* = M \times L$ aufgefaßt werden.

Satz 4.3. *Die Implikation $A \to B$ gilt im Fuzzy-Kontext (G, M, R) genau dann, wenn die Implikation*

$$\{(m, \mu_A(m)) : m \in M\} \to \{(m, \mu_B(m)) : m \in M\}$$

(oder kürzer: $A \to B$) im einwertigen Kontext (G_*, M_*, I_R) gilt.

Beweis. Im Beweis (Teile (V),(I)) von Satz 2.1 wird gezeigt, daß für alle $B, B_1, B_2 \lesssim M$

$$B_1' \lesssim B_2' \iff (B_1')_* \subseteq (B_2')_*$$

und $(B')_* = (B_*)'$ gilt. Also gilt

$$B_1' \lesssim B_2' \iff (B_{1*})' \subseteq (B_{2*})'.$$

Aufgrund der Äquivalenzen

$$A_* \to B_* \text{ gilt in } (G_*, M_*, I_R) \iff (A_*)' \subseteq (B_*)'$$

und (nach Hilfssatz 4.2 (I),(VII))

$$A \to B \text{ gilt in } (G, M, R) \iff A' \lesssim B'$$

ist $A \to B$ also genau dann in (G, M, R) gültig, wenn dies für $A_* \to B_*$ in (G_*, M_*, I_R) zutrifft. In (G_*, M_*, I_R) gilt

$$(g, \nu) I_R (m, \lambda) \iff \nu \cdot \lambda \leq \mu_R(g, m)$$

und somit

$$(g, \nu) I_R (m, \lambda) \implies (g, \nu) I_R (m, \tau) \text{ für alle } \nu, \lambda, \tau \in L \text{ mit } \tau \leq \lambda,$$

d. h., für jedes $\tau \leq \lambda$ gilt die Implikation $(m, \lambda) \to (m, \tau)$ in (G_*, M_*, I_R), also auch

$$\{(m, \mu_A(m)) : m \in M\} \to A_* \text{ für jedes } A \subsetneqq M.$$

Außerdem gilt

$$A_* \to \{(m, \mu_A(m)) : m \in M\} \text{ für jedes } A \subsetneqq M$$

wegen $\{(m, \mu_A(m)) : m \in M\} \subseteq A_*$. In (G_*, M_*, I_R) gilt somit $A_* \to B_*$ genau dann, wenn $A \to B$ in diesem Kontext gilt.

□

Weitere Charakterisierungen der Implikationen eines L-Fuzzy-Kontextes (G, M, R) ergeben sich aus der Möglichkeit, diesen (wie in Satz 1.3) als mehrwertigen Kontext aufzufassen. $(G \times L, M, J_G)$ bzw. $(G, M \times L, J_M)$ seien die durch L-Skalierung der Gegenstände bzw. Merkmale abgeleiteten Kontexte. Durch die in $(G, M \times L, J_M)$ geltenden Implikationen können alle Implikationen des Fuzzy-Kontextes beschrieben werden. Die in $(G \times L, M, J_G)$ geltenden Implikationen sind die Implikationen des Fuzzy-Kontextes mit scharfer Prämisse und Konklusion.

Satz 4.4. *Im Fuzzy-Kontext (G, M, R) gilt die Implikation $A \to B$ genau dann, wenn im Kontext $(G, M \times L, J_M)$ für jedes $\nu \in L$ die Implikation*

$$\{(m, \nu \cdot \mu_A(m)) : m \in M\} \to \{(m, \nu \cdot \mu_B(m)) : m \in M\}$$

(oder kürzer: $(\nu \cdot A) \to (\nu \cdot B)$) gilt.

Beweis. Die Implikation $A \to B$ gilt in (G, M, R) nach Satz 4.3 genau dann, wenn $A \to B$ in (G_*, M_*, I_R) gilt. Wegen

$$(g, \nu)' = \{(m, \lambda) : m \in M, \nu \cdot \lambda \leq \mu_R(g, m)\}$$

im Kontext (G_*, M_*, I_R) und

$$g' = \{(m, \lambda) : m \in M, \lambda \leq \mu_R(g, m)\}$$

in $(G, M \times L, J_M)$ sind die folgenden Bedingungen paarweise äquivalent:

$$\begin{aligned}
&\nu \cdot A \subseteq g' \text{ in } (G, M \times L, J_M),\\
&(m, \nu \cdot \mu_A(m)) \in g' \text{ für jedes } m \in M \text{ in } (G, M \times L, J_M),\\
&\nu \cdot \mu_A(m) \leq \mu_R(g, m) \text{ für jedes } m \in M,\\
&(m, \mu_A(m)) \in (g, \nu)' \text{ für jedes } m \in M \text{ in } (G_*, M_*, I_R),\\
&A \subseteq (g, \nu)' \text{ in } (G_*, M_*, I_R).
\end{aligned}$$

Im Kontext (G_*, M_*, I_R) gilt die Implikation $A \to B$ genau dann, wenn

$$A \subseteq (g, \nu)' \implies B \subseteq (g, \nu)' \text{ für alle } g \in G, \nu \in L$$

zutrifft. Dies ist demnach genau dann der Fall, wenn in $(G, M \times L, J_M)$

$$\nu \cdot A \subseteq g' \implies \nu \cdot B \subseteq g' \text{ für alle } g \in G, \nu \in L$$

gilt, d. h. die Implikation $(\nu \cdot A) \to (\nu \cdot B)$ für jedes $\nu \in L$ in diesem Kontext gilt.

□

Satz 4.5. *Die Implikation $A \to B$ mit $A, B \subseteq M$ gilt genau dann im Fuzzy-Kontext (G, M, R), wenn sie in $(G \times L, M, J_G)$ gilt.*

Beweis. Nach Hilfssatz 4.2 (VII) ist $A \to B$ genau dann eine Implikation des Fuzzy-Kontextes (G, M, U, I), wenn $A' \underset{\sim}{\subseteq} B'$ gilt, und im Falle $A, B \subseteq M$ gilt

$$\mu_{A'}(g) = \bigwedge_{m \in M} (\mu_A(m) \to \mu_R(g, m)) = \bigwedge_{m \in A} \mu_R(g, m).$$

Die Implikation $A \to B$ ist genau dann eine Implikation des einwertigen Kontextes $(G \times L, M, J_G)$, wenn $A' \subseteq B'$ gilt, und es gilt

$$A' = \left\{ (g, \nu) \in G \times L : \nu \leq \bigwedge_{m \in A} \mu_R(g, m) \right\}.$$

Sowohl die Inklusion $A' \underset{\sim}{\subseteq} B'$ mit $A, B \subseteq M$ in (G, M, R) als auch $A' \subseteq B'$ in $(G \times L, M, J_G)$ ist also äquivalent zu

$$\bigwedge_{m \in A} \mu_R(g, m) \leq \bigwedge_{m \in B} \mu_R(g, m) \text{ für jedes } g \in G.$$

□

Bei L-Fuzzy-Kontexten kann wie bei speziellen mehrwertigen Kontexten (siehe [16]) eine ordinale Abhängigkeit zwischen Merkmalen von Interesse sein, die zur Ordnungsrelation in L korrespondiert.

Definition 4.5. *Im Fuzzy-Kontext* (G, M, R) *ist das Merkmal* $m \in M$ *genau dann von der Merkmalsmenge* $A \subseteq M$ ordinal abhängig, *wenn für alle* $g, h \in G$ *gilt:*

$$\mu_R(g,n) \leq \mu_R(h,n) \text{ für jedes } n \in A \implies \mu_R(g,m) \leq \mu_R(h,m).$$

Eine Charakterisierung der ordinalen Abhängigkeiten zwischen Merkmalen in einem Fuzzy-Kontext (G, M, R) kann in ähnlicher Weise wie für mehrwertige Kontexte erfolgen: Das Merkmal $m \in M$ ist in (G, M, R) genau dann von der Merkmalsmenge $A \subseteq M$ ordinal abhängig, wenn im einwertigen Kontext (G^2, M, I_o) mit

$$(g,h)I_o m \;:\Longleftrightarrow\; \mu_R(g,m) \leq \mu_R(h,m)$$

die Implikation $A \to m$ gilt.

4.2 Implikationen zwischen Merkmalen in fuzzy-wertigen Kontexten

Die Gültigkeit von Implikationen zwischen Merkmalen kann auch für fuzzy-wertige Kontexte definiert werden, und diese besitzen analoge Eigenschaften wie die Implikationen von Fuzzy-Kontexten. Die in einem fuzzy-wertigen Kontext geltenden Implikationen sind ebenfalls im Diagramm des zugehörigen Fuzzy-Begriffsverbandes ablesbar. Dazu wird der Begriff der Hauptimplikation eingeführt. Aus den gültigen (Haupt-) Implikationen eines fuzzy-wertigen Kontextes kann der Fuzzy-Begriffsverband ermittelt werden. Die Frage nach der Gültigkeit von Implikationen in fuzzy-wertigen Kontexten kann auf das entsprechende Problem für Fuzzy-Kontexte zurückgeführt werden.

In bezug auf einen fuzzy-wertigen Kontext (G, M, U, I) ist die Aussage „A impliziert B“ ($A, B \in \prod_{m \in M} \mathcal{F}(X_m)$) als „sind die Merkmalsausprägungen eines Gegenstandes in A enthalten, so sind sie auch in B enthalten“ zu lesen. Für den Quasiwahrheitswert dieser Aussage gilt:

$$
\begin{aligned}
&\operatorname{tv}(\text{„}A \to B\text{“})\\
&:= \operatorname{tv}(\forall g \in G\ ((\forall m \in M \text{ „}g \text{ hat } A_m\text{“}) \to (\forall m \in M \text{ „}g \text{ hat } B_m\text{“})))\\
&= \operatorname{tv}(\forall g \in G\ ((\forall m \in M \text{ „}m(g) \subsetsim A_m\text{“}) \to (\forall m \in M \text{ „}m(g) \subsetsim B_m\text{“})))\\
&= \bigwedge_{g\in G}\left(\bigwedge_{m\in M}\bigwedge_{x\in X_m}(\mu_{m(g)}(x) \to \mu_{A_m}(x)) \to \bigwedge_{m\in M}\bigwedge_{x\in X_m}(\mu_{m(g)}(x) \to \mu_{B_m}(x))\right)\\
&= \operatorname{tv}(\text{„}A' \subsetsim B'\text{“})\\
&= \operatorname{tv}(\text{„}A'' \subsetsim B\text{“}) \qquad \text{(wegen (12),(9) und Hilfssatz 3.1).}
\end{aligned}
$$

Die Gültigkeit einer Implikation $A \to B$ $(A, B \in \prod_{m\in M} \mathcal{F}(X_m))$ bezüglich des fuzzy-wertigen Kontextes (G, M, U, I) wird demgemäß – analog zu den Begriffsbildungen für einwertige und Fuzzy-Kontexte – (siehe 4.1 bzw. [18], Definition 36) in folgender Weise definiert:

Definition 4.6. *Die Familie* $E \in \prod_{m\in M} \mathcal{F}(X_m)$ respektiert *genau dann die Implikation* $A \to B$, *wenn*

$$\operatorname{tv}(\text{„}E \subsetsim A\text{“}) \leq \operatorname{tv}(\text{„}E \subsetsim B\text{“})$$

gilt. E respektiert die Menge $\mathcal{L}$ *von Implikationen genau dann, wenn* E *jede Implikation aus* $\mathcal{L}$ *respektiert.* $A \to B$ gilt *genau dann für das System* $\{E_1, E_2, \ldots\}$ *von Merkmalsausprägungen (Familien von Fuzzy-Mengen), wenn jede der Familien* E_i *die Implikation* $A \to B$ *respektiert.* $A \to B$ gilt im fuzzy-wertigen Kontext *(oder ist eine* Implikation des fuzzy-wertigen Kontextes*)* (G, M, U, I) *genau dann, wenn sie im System aller „Zeileninhalte“* g' *(mit* $g \in G$*) gilt.*

Die Überlegungen zu Hilfssatz 4.1 können auf Familien $A, E \in \prod_{m\in M} \mathcal{F}(X_m)$ übertragen werden. Wegen (3) gilt also:

Hilfssatz 4.6. *Für alle* $A, E \in \prod_{m\in M} \mathcal{F}(X_m)$, $\nu \in L$ *gilt*

$$E \subsetsim \nu \to A \iff \nu \leq \operatorname{tv}(\text{„}E \subsetsim A\text{“}).$$

Dieser Hilfssatz liefert:

Folgerung. *Für alle Familien* $A, B, E \in \prod_{m\in M} \mathcal{F}(X_m)$ *sind die folgenden Aussagen paarweise äquivalent:*

$$
\begin{aligned}
&E \ \textit{respektiert}\ A \to B,\\
&E \subsetsim \nu \to A \implies E \subsetsim \nu \to B \ \textit{für jedes}\ \nu \in L,\\
&E \subsetsim \operatorname{tv}(\text{„}E \subsetsim A\text{“}) \to B.
\end{aligned}
$$

Die Hilfssätze 4.2, 4.3 und 4.4 gelten sinngemäß auch für fuzzy-wertige Kontexte:

Hilfssatz 4.7. *Für jeden fuzzy-wertigen Kontext (G, M, U, I) sind die folgenden Aussagen paarweise äquivalent:*

$$A \to B \text{ gilt in } (G, M, U, I), \tag{I}$$

$$g' \lesssim \nu \to A \implies g' \lesssim \nu \to B \text{ für alle } g \in G, \nu \in L, \tag{II}$$

$$(g, \nu)' \lesssim A \implies (g, \nu)' \lesssim B \text{ für alle } g \in G, \nu \in L, \tag{III}$$

$$E \lesssim A \implies E \lesssim B \text{ für jeden Begriffsinhalt } E \in \prod_{m \in M} \mathcal{F}(X_m), \tag{IV}$$

$$A \to B \text{ gilt im System aller Begriffsinhalte }, \tag{V}$$

$$A'' \lesssim B, \tag{VI}$$

$$A' \lesssim B', \tag{VII}$$

$$\text{tv}\,(\text{„}A \to B\text{“}) = 1. \tag{VIII}$$

Beweis. (I) und (II) sind nach der Folgerung zu Hilfssatz 4.6 äquivalent. Wegen (15) gilt $(g, \nu)' = \nu{\cdot}g'$, d. h., (II) und (III) sind wegen (3) äquivalent. Jeder Begriffsinhalt ist als C' mit einer geeigneten Fuzzy-Menge $C \lesssim G$ darstellbar. Aus $C = \bigcup_{g \in G}(g, \mu_C(g))$ und Hilfssatz 3.4 folgt $C' = \bigcup_{g \in G}(g, \mu_C(g))'$. Also gilt genau dann $C' \lesssim A$, wenn $(g, \mu_C(g))' \lesssim A$ für jedes $g \in G$ gilt, d. h. (III) ist zu (IV) äquivalent. (IV) gilt genau dann, wenn für alle $C \lesssim G, \nu \in L$

$$(\nu \cdot C)' \lesssim A \implies (\nu \cdot C)' \lesssim B$$

gilt. Wegen (15) und (3) ist $(\nu \cdot C)' \lesssim A$ zu $C' \lesssim \nu \to A$ äquivalent. Nach der Folgerung zu Hilfssatz 4.6 sind somit (IV) und (V) gleichbedeutend. Aus (IV) folgt, da A'' Begriffsinhalt ist, (VI) wegen $A'' \lesssim A$. $C' \lesssim A$ impliziert $C' \lesssim A''$ wegen Hilfssatz 3.3. Also folgt (IV) aus (VI). (VI) und (VII) sind wegen Hilfssatz 3.3 gleichbedeutend. (VII) und (VIII) sind äquivalent, da (wie zu Beginn dieses Abschnittes festgestellt wurde) tv („$A \to B$“) = tv („$A' \lesssim B'$“) gilt. □

Hilfssatz 4.8. *In jedem fuzzy-wertigen Kontext (G, M, U, I) gilt:*

$$A_2 \lesssim A_1, B_1 \lesssim B_2 \implies \text{tv}\,(\text{„}A_1 \to B_1\text{“}) \le \text{tv}\,(\text{„}A_2 \to B_2\text{“}), \tag{I}$$

$$\text{tv}\left(\text{„}A \to \bigcap_{t \in T} B_t\text{“}\right) = \bigwedge_{t \in T} \text{tv}\,(\text{„}A \to B_t\text{“}), \tag{II}$$

$$\text{tv}\left(\text{„}\bigcap_{t \in T} A_t \to \bigcap_{t \in T} B_t\text{“}\right) \ge \bigwedge_{t \in T} \text{tv}\,(\text{„}A_t \to B_t\text{“}), \tag{III}$$

$$\text{tv}\,(\text{„}A \to (\nu \to B)\text{“}) = \nu \to \text{tv}\,(\text{„}A \to B\text{“}). \tag{IV}$$

Beweis. (I) folgt aus (6), (II) aus (12).
(III) folgt aus (II), da wegen (I)

$$\text{tv}\left(\text{„}\bigcap_{s\in T} A_s \to B_t\text{“}\right) \geq \text{tv}\,(\text{„}A_t \to B_t\text{“})$$

gilt.
(IV): Es gilt

$$\begin{aligned}\text{tv}\,(\text{„}A \to (\nu \to B)\text{“}) &= \bigwedge_{g\in G} (\mu_{A'}(g) \to \mu_{(\nu\to B)'}(g)) \\ &= \bigwedge_{g\in G} (\mu_{A'}(g) \to (\nu \to \mu_{B'}(g))) \qquad \text{(wegen (16))} \\ &= \nu \to \text{tv}\,(\text{„}A \to B\text{“}) \qquad \text{(wegen (4),(12)).}\end{aligned}$$

□

Hilfssatz 4.9. *Die Implikationen eines fuzzy-wertigen Kontextes haben die folgenden Eigenschaften:*

$$A \subsetneqq B \implies A \to B, \tag{I}$$

$$A_2 \subsetneqq A_1,\; B_1 \subsetneqq B_2,\; A_1 \to B_1 \implies A_2 \to B_2, \tag{II}$$

$$A \to B_t \;\textit{für jedes}\; t \in T \iff A \to \bigcap_{t\in T} B_t, \tag{III}$$

$$A_t \to B_t \;\textit{für jedes}\; t \in T \implies \bigcap_{t\in T} A_t \to \bigcap_{t\in T} B_t, \tag{IV}$$

$$\nu \leq \text{tv}\,(\text{„}A \to B\text{“}) \iff A \to (\nu \to B), \tag{V}$$

$$(\nu \to A) \to (\nu \to B) \;\textit{für jedes}\; \nu \in L \iff A \to B. \tag{VI}$$

Beweis. (I): $A \subsetneqq B$ impliziert $A' \subsetneqq B'$ nach Hilfssatz 3.3.
(II), (III) und (IV) folgen aus Hilfssatz 4.8 (I),(II),(III).
(V) folgt wegen (5) aus Hilfssatz 4.8 (IV).
(VI): (II) (und somit (I)) aus Hilfssatz 4.7 gilt genau dann, wenn für alle $g \in G$, $\lambda, \nu \in L$

$$g' \subsetneqq (\lambda \cdot \nu) \to A \implies g' \subsetneqq (\lambda \cdot \nu) \to B,$$

wegen (9) also

$$g' \subsetneqq \lambda \to (\nu \to A) \implies g' \subsetneqq \lambda \to (\nu \to B)$$

gilt. Dies ist nach Hilfssatz 4.7 (I),(II) genau dann der Fall, wenn $(\nu \to A) \to (\nu \to B)$ für jedes $\nu \in L$ gilt.

□

Es soll nun gezeigt werden, wie die Gültigkeit von Implikationen aus dem Diagramm des Fuzzy-Begriffsverbandes von $\mathbb{K} = (G, M, U, I)$ abgelesen werden kann. Im weiteren sei (für $m \in M$)

$$\mathcal{F}_{\mathbb{K}}(X_m) := \left\{ B_m \in \mathcal{F}(X_m) : B_m = \bigcup_{g \in G} (\nu_g \cdot m(g)),\ \nu_g \in L \right\}.$$

Implikationen $A \to B$ mit $A, B \in \prod_{m \in M} \mathcal{F}_{\mathbb{K}}(X_m)$ werden *Hauptimplikationen* genannt. Da die Aussagen

$$\bigcap_{m \in M} \bigcup_{g \in G} (m(g), \nu_{mg}) \to \bigcap_{m \in M} \bigcup_{g \in G} (m(g), \lambda_{mg}) \quad \text{gilt in} \quad (G, M, U, I),$$

$$\left(\bigcap_{m \in M} \bigcup_{g \in G} (m(g), \nu_{mg}) \right)' \subseteq \left(\bigcap_{m \in M} \bigcup_{g \in G} (m(g), \lambda_{mg}) \right)'$$

(wegen Hilfssatz 4.7 (I),(VII)),

$$\bigcap_{m \in M} \left(\bigcup_{g \in G} (m(g), \nu_{mg}) \right)' \subseteq \bigcap_{m \in M} \left(\bigcup_{g \in G} (m(g), \lambda_{mg}) \right)' \quad \text{(wegen Hilfssatz 3.4)},$$

$$\bigcap_{m \in M} \left(\bigcup_{g \in G} (m(g), \nu_{mg}) \right)' \subseteq \left(\bigcup_{g \in G} (n(g), \lambda_{ng}) \right)' \quad \text{für jedes } n \in M$$

paarweise äquivalent sind, ist die Gültigkeit von Hauptimplikationen wegen Satz 3.1 im Diagramm des Fuzzy-Begriffsverbandes in folgender Weise ablesbar: Die Hauptimplikation $A \to B$ mit $A_m = \bigcup_{g \in G} (\nu_{mg} \cdot m(g))$ und $B_m = \bigcup_{g \in G} (\lambda_{mg} \cdot m(g))$ gilt genau dann, wenn für jedes $n \in M$ der mit $\bigcup_{g \in G} (n(g), \lambda_{ng})$ bezeichnete Merkmalsbegriff über dem Infimum (über alle $m \in M$) der mit $\bigcup_{g \in G} (m(g), \nu_{mg})$ bezeichneten Merkmalsbegriffe steht.

Beim Ablesen der Gültigkeit (beliebiger) Implikationen im Diagramm des Fuzzy-Begriffsverbandes werden die folgenden beiden Hilfssätze ausgenutzt:

Hilfssatz 4.10. *Im fuzzy-wertigen Kontext (G, M, U, I) gilt die Implikation $A \to B$ $(A, B \in \prod_{m \in M} \mathcal{F}(X_m))$ genau dann, wenn die Hauptimplikation*

$$\bigcap_{m \in M} \bigcup_{g \in G} (m(g), \text{tv}\,(\text{„}m(g) \subseteq A_m\text{“})) \to \bigcap_{m \in M} \bigcup_{g \in G} (m(g), \text{tv}\,(\text{„}m(g) \subseteq B_m\text{“}))$$

gilt.

Beweis. Nach der Definition der Ableitungsoperatoren und Hilfssatz 3.1 gilt

$$\begin{aligned}\mu_{A'}(g) &= \bigwedge_{m\in M} \operatorname{tv}(„m(g) \underset{\sim}{\subseteq} A_m“) \\ &\leq \operatorname{tv}(„m(g) \underset{\sim}{\subseteq} A_m“) \text{ für jedes } m \in M\end{aligned}$$

und daher

$$A''_m = \bigcup_{g\in G}(\mu_{A'}(g)\cdot m(g)) \underset{\sim}{\subseteq} \bigcup_{g\in G}(\operatorname{tv}(„m(g) \underset{\sim}{\subseteq} A_m“)\cdot m(g)),$$

woraus

$$A'' \underset{\sim}{\subseteq} \bigcap_{m\in M}\bigcup_{g\in G}(m(g), \operatorname{tv}(„m(g) \underset{\sim}{\subseteq} A_m“))$$

folgt. Aus

$$\begin{aligned}\operatorname{tv}(„m(g) \underset{\sim}{\subseteq} A_m“) &= \bigwedge_{x\in X_m}(\mu_{m(g)}(x) \to \mu_{A_m}(x)) \\ &\leq \mu_{m(g)}(x) \to \mu_{A_m}(x) \quad \text{für jedes } x \in X_m\end{aligned}$$

folgt $m(g)\cdot \operatorname{tv}(„m(g) \underset{\sim}{\subseteq} A_m“) \underset{\sim}{\subseteq} A_m$ wegen (3) und somit

$$\bigcap_{m\in M}\bigcup_{g\in G}(m(g), \operatorname{tv}(„m(g) \underset{\sim}{\subseteq} A_m“)) \underset{\sim}{\subseteq} A.$$

Es gilt also

$$A'' \underset{\sim}{\subseteq} \bigcap_{m\in M}\bigcup_{g\in G}(m(g), \operatorname{tv}(„m(g) \underset{\sim}{\subseteq} A_m“)) \underset{\sim}{\subseteq} A,$$

und wegen Hilfssatz 3.3 gilt

$$A'' = \left(\bigcap_{m\in M}\bigcup_{g\in G}(m(g), \operatorname{tv}(„m(g) \underset{\sim}{\subseteq} A_m“))\right)'' \underset{\sim}{\subseteq} A.$$

Aus der Gültigkeit der Implikation $A \to B$ folgt $A'' \underset{\sim}{\subseteq} B$ nach Hilfssatz 4.7 (I),(VI), also $A'' \underset{\sim}{\subseteq} B''$ wegen Hilfssatz 3.3 und daher

$$\begin{aligned}&\left(\bigcap_{m\in M}\bigcup_{g\in G}(m(g), \operatorname{tv}(„m(g) \underset{\sim}{\subseteq} A_m“))\right)'' = A'' \\ &\underset{\sim}{\subseteq} B'' \underset{\sim}{\subseteq} \bigcap_{m\in M}\bigcup_{g\in G}(m(g), \operatorname{tv}(„m(g) \underset{\sim}{\subseteq} B_m“)),\end{aligned}$$

d. h. nach Hilfssatz 4.7 (I),(VI) die Gültigkeit der Implikation

$$\bigcap_{m\in M}\bigcup_{g\in G}(m(g),\mathrm{tv}\,(\text{„}m(g)\subsetapprox A_m\text{“}))\to\bigcap_{m\in M}\bigcup_{g\in G}(m(g),\mathrm{tv}\,(\text{„}m(g)\subsetapprox B_m\text{“})).$$

Gilt andererseits diese Implikation, so folgt

$$\begin{aligned}A''&=\left(\bigcap_{m\in M}\bigcup_{g\in G}(m(g),\mathrm{tv}\,(\text{„}m(g)\subsetapprox A_m\text{“}))\right)''\\&\subsetapprox\bigcap_{m\in M}\bigcup_{g\in G}(m(g),\mathrm{tv}\,(\text{„}m(g)\subsetapprox B_m\text{“}))\subsetapprox B,\end{aligned}$$

d. h. nach Hilfssatz 4.7 (I),(VI) die Gültigkeit von $A\to B$.

□

Hilfssatz 4.11. *Der von*

$$\bigcup_{g\in G}(m(g),\mathrm{tv}\,(\text{„}m(g)\subsetapprox A_m\text{“}))$$

erzeugte Merkmalsbegriff ist der größte Fuzzy-Begriff (C,D)*, für den die Relation* $D_m\subsetapprox A_m$ *gilt.*

Beweis. Der von

$$\bigcup_{g\in G}(m(g),\mathrm{tv}\,(\text{„}m(g)\subsetapprox A_m\text{“}))$$

erzeugte Merkmalsbegriff ist nach Hilfssatz 3.6 der größte Fuzzy-Begriff (C,D) mit $D_m=\bigcup_{g\in G}(\mathrm{tv}\,(\text{„}m(g)\subsetapprox A_m\text{“})\cdot m(g))$. Wegen (3) und (1) gilt

$$\nu_g\cdot m(g)\subsetapprox A_m\iff\nu_g\le\mathrm{tv}\,(\text{„}m(g)\subsetapprox A_m\text{“}),$$

woraus zunächst $\bigcup_{g\in G}(\mathrm{tv}\,(\text{„}m(g)\subsetapprox A_m\text{“})\cdot m(g))\subsetapprox A_m$ folgt. Für jeden Fuzzy-Begriff (C,D) gilt $D_m=\bigcup_{g\in G}(\mu_C(g)\cdot m(g))$. Aus $D_m\subsetapprox A_m$ folgt also $\mu_C(g)\cdot m(g)\subsetapprox A_m$ und somit $\mu_C(g)\le\mathrm{tv}\,(\text{„}m(g)\subsetapprox A_m\text{“})$, d. h., es folgt $D_m\subsetapprox\bigcup_{g\in G}(\mathrm{tv}\,(\text{„}m(g)\subsetapprox A_m\text{“})\cdot m(g))$.

□

Aufgrund der Hilfssätze 4.10 und 4.11 läßt sich die Gültigkeit einer (beliebigen) Implikation $A\to B$ in einem fuzzy-wertigen Kontext am Diagramm des zugehörigen Fuzzy-Begriffsverbandes wie folgt verifizieren: Zu jedem $m\in M$ wird der größte (Merkmals-)Begriff gesucht, für dessen Begriffsinhalt C die Relation $C_m\subsetapprox A_m$ gilt. D sei der Begriffsinhalt des Infimums (über alle

$m \in M$) dieser Begriffe. Wird analog zu jedem $m \in M$ der größte Merkmalsbegriff gesucht, für dessen Begriffsinhalt E die Relation $E_m \underset{\sim}{\subseteq} B_m$ gilt, und ist F der Begriffsinhalt des Infimums (über alle $m \in M$) dieser Begriffe, so gilt die Implikation $A \to B$ genau dann, wenn $D \underset{\sim}{\subseteq} F$ gilt. Dies ist wiederum genau dann der Fall, wenn $D \underset{\sim}{\subseteq} B$ gilt.

Auch der Fuzzy-Begriffsverband eines fuzzy-wertigen Kontextes läßt sich aufgrund des folgenden Hilfssatzes aus den gültigen Implikationen ermitteln (vgl. Hilfssatz 4.5 bzw. [18], Hilfssatz 20).

Hilfssatz 4.12. *Ist $\mathcal{L}$ eine Menge von Implikationen zwischen Familien (von Fuzzy-Mengen) aus $\prod_{m\in M} \mathcal{F}(X_m)$, so ist*

$$\mathcal{K}(\mathcal{L}) := \left\{ E \in \prod_{m \in M} \mathcal{F}(X_m) : E \ \textit{respektiert} \ \mathcal{L} \right\}$$

ein Kernsystem auf $\prod_{m\in M} X_m$. Ist $\mathcal{L}$ die Menge aller Implikationen eines fuzzy-wertigen Kontextes, dann ist $\mathcal{K}(\mathcal{L})$ das System aller Fuzzy-Begriffsinhalte.

Beweis. Für alle $E_t \in \prod_{m\in M} \mathcal{F}(X_m)$ ($t \in T$, T: Indexmenge), $\nu \in L$ und $A \in \prod_{m\in M} \mathcal{F}(X_m)$ gilt

$$E_t \underset{\sim}{\subseteq} \nu \to A \text{ für jedes } t \in T \iff \bigcup_{t\in T} E_t \underset{\sim}{\subseteq} \nu \to A.$$

Also gilt wegen der Folgerung zu Hilfssatz 4.6

$$E_t \in \mathcal{K}(\mathcal{L}) \text{ für jedes } t \in T \implies \bigcup_{t\in T} E_t \in \mathcal{K}(\mathcal{L}),$$

d. h., $\mathcal{K}(\mathcal{L})$ ist ein Kernsystem. Ist $\mathcal{L}$ die Menge aller Implikationen des fuzzy-wertigen Kontextes, so gehört wegen Hilfssatz 4.7 (I),(V) jeder Begriffsinhalt zu $\mathcal{K}(\mathcal{L})$. In jedem fuzzy-wertigen Kontext gilt $E \to E''$ für jedes $E \underset{\sim}{\subseteq} M$. Also gilt $E \underset{\sim}{\subseteq} E''$, wenn E die Menge $\mathcal{L}$ aller Implikationen respektiert, d. h., E ist Begriffsinhalt.

□

Für jede Familie $E =: E_0 \in \prod_{m\in M} \mathcal{F}(X_m)$ kann der zu $\mathcal{K}(\mathcal{L})$ gehörige Kern $\mathcal{L}(E)$ wiederum iterativ durch

$$E_{k+1} := E_k \cap \bigcap \{\text{tv}\ (\text{„}E_k \underset{\sim}{\subseteq} A\text{“}) \to B : A \to B \in \mathcal{L}\}$$

berechnet werden, wenn $E_{n+1} = E_n$ für eine geeignete natürliche Zahl n gilt. Dann ist $\mathcal{L}(E) = E_n$.

Ist $\mathcal{L}$ eine Menge von Implikationen zwischen Familien von Fuzzy-Mengen in X_m $(m \in M)$, so sind die Begriffsinhalte des fuzzy-wertigen Kontextes $(\mathcal{K}(\mathcal{L}), M, U, I)$ mit $m(E) := E_m$ genau die $\mathcal{L}$ respektierenden Familien von Fuzzy-Mengen. Alle in diesem Fuzzy-Kontext geltenden Implikationen „folgen" aus $\mathcal{L}$. Analog zu einwertigen und Fuzzy-Kontexten (siehe 4.1 bzw. [18], Definitionen 37 und 39) wird festgelegt:

Definition 4.7. *Die Implikation* $A \to B$ $(A, B \in \prod_{m \in M} \mathcal{F}(X_m))$ folgt *genau dann* (semantisch) *aus der Menge* $\mathcal{L}$ *von Implikationen, wenn jede Familie aus* $\prod_{m \in M} \mathcal{F}(X_m)$, *die* $\mathcal{L}$ *respektiert, auch* $A \to B$ *respektiert. Die Menge* $\mathcal{L}$ *von Implikationen eines fuzzy-wertigen Kontextes* (G, M, U, I) *ist genau dann* vollständig, *wenn jede Implikation von* (G, M, U, I) *aus* $\mathcal{L}$ *folgt.* $\mathcal{L}$ *ist genau dann* reduziert, *wenn keine der Implikationen aus den übrigen folgt.*

Der Fuzzy-Begriffsverband eines fuzzy-wertigen Kontextes ist auch durch das System aller Hauptimplikationen bis auf Isomorphie eindeutig bestimmt. Für jedes $E \in \prod_{m \in M} \mathcal{F}_{\mathbb{K}}(X_m)$ ist nämlich $E \to E''$ Hauptimplikation, da $E'' \in \prod_{m \in M} \mathcal{F}_{\mathbb{K}}(X_m)$ wegen Hilfssatz 3.1 gilt. Der Beweis von Hilfssatz 4.12 läßt sich daher auf die folgende Aussage übertragen:

Hilfssatz 4.13. *Sind* $\mathbb{K} = (G, M, U, I)$ *ein fuzzy-wertiger Kontext und* $\mathcal{L}$ *eine Menge von Implikationen zwischen Familien (von Fuzzy-Mengen) aus* $\prod_{m \in M} \mathcal{F}(X_m)$, *so ist*

$$\mathcal{K}_{\mathbb{K}}(\mathcal{L}) := \left\{ E \in \prod_{m \in M} \mathcal{F}_{\mathbb{K}}(X_m) : E \text{ respektiert } \mathcal{L} \right\}$$

ein Kernsystem auf $\prod_{m \in M} X_m$. *Ist* $\mathcal{L}$ *die Menge aller Hauptimplikationen von* (G, M, U, I), *dann ist* $\mathcal{K}_{\mathbb{K}}(\mathcal{L})$ *das System aller Fuzzy-Begriffsinhalte.*

Für jede Menge $\mathcal{L}$ von Implikationen gilt $\mathcal{K}_{\mathbb{K}}(\mathcal{L}) \subsetneq \mathcal{K}(\mathcal{L})$. Für jede Familie $E =: E_0 \in \prod_{m \in M} \mathcal{F}(X_m)$ kann der zu $\mathcal{K}_{\mathbb{K}}(\mathcal{L})$ gehörige Kern $\mathcal{L}_{\mathbb{K}}(E)$ unter Verwendung der Iteration zur Berechnung des zur Menge $\mathcal{K}(\mathcal{L})$ in Hilfssatz 4.12 gehörigen Kernes $\mathcal{L}(F)$ einer Familie

$$F \in \prod_{m \in M} \mathcal{F}_{\mathbb{K}}(X_m) \subsetneq \prod_{m \in M} \mathcal{F}(X_m)$$

wiederum iterativ durch

$$F_k := \bigcap_{m \in M} \bigcup_{g \in G} (m(g), \operatorname{tv}(„m(g) \subsetneq E_k")),$$
$$E_{k+1} := \mathcal{L}(F_k)$$

berechnet werden, wenn $E_{n+1} = F_n$ für eine geeignete natürliche Zahl n gilt. Dann ist $\mathcal{L}_{\mathbb{K}}(E) = F_n$. (vergleiche Beweis von Hilfssatz 4.11: F_k ist die größte Familie $F \in \prod_{m\in M} \mathcal{F}_{\mathbb{K}}(X_m)$ mit $F \underset{\sim}{\subseteq} E_k$)

Ist $\mathcal{L}$ eine Menge von Implikationen von $\mathbb{K}$, so sind die Begriffsinhalte des fuzzy-wertigen Kontextes $(\mathcal{K}_{\mathbb{K}}(\mathcal{L}), M, U, I)$ mit $m(E) := E_m$ genau die $\mathcal{L}$ respektierenden Familien von Fuzzy-Mengen aus $\prod_{m\in M} \mathcal{F}_{\mathbb{K}}(X_m)$. Alle in diesem fuzzy-wertigen Kontext geltenden Implikationen „folgen" aus $\mathcal{L}$. In Analogie zu Definition 4.7 wird für jeden fuzzy-wertigen Kontext $\mathbb{K} = (G, M, U, I)$ festgelegt:

Definition 4.8. *Die Implikation $A \to B$ ($A, B \in \prod_{m\in M} \mathcal{F}(X_m)$)* folgt *genau dann* $\mathbb{K}$-semantisch *aus der Menge $\mathcal{L}$ von Implikationen, wenn jede Familie aus $\prod_{m\in M} \mathcal{F}_{\mathbb{K}}(X_m)$, die $\mathcal{L}$ respektiert, auch $A \to B$ respektiert. Die Menge $\mathcal{L}$ von Implikationen eines fuzzy-wertigen Kontextes $\mathbb{K} = (G, M, U, I)$ ist genau dann* $\mathbb{K}$-vollständig, *wenn jede Implikation von (G, M, U, I) $\mathbb{K}$-semantisch aus $\mathcal{L}$ folgt. $\mathcal{L}$ ist genau dann* $\mathbb{K}$-reduziert, *wenn keine der Implikationen aus den übrigen $\mathbb{K}$-semantisch folgt.*

Bemerkung. Die Menge aller Hauptimplikationen eines fuzzy-wertigen Kontextes $\mathbb{K}$ ist $\mathbb{K}$-vollständig. Folgt $A \to B$ semantisch aus einer Menge $\mathcal{L}$ von Implikationen eines fuzzy-wertigen Kontextes $\mathbb{K} = (G, M, U, I)$, so folgt $A \to B$ auch $\mathbb{K}$-semantisch aus $\mathcal{L}$. Jede vollständige Menge von Implikationen von $\mathbb{K}$ ist $\mathbb{K}$-vollständig. Jede $\mathbb{K}$-reduzierte Menge von Implikationen ist reduziert.

Ist (G, N, S) ein durch Skalierung abgeleiteter Kontext zum fuzzy-wertigen Kontext (G, M, U, I), so wird durch die in Abschnitt 3.2 definierten Abbildungen σ und ϱ ein Zusammenhang zwischen den Familien aus $\prod_{m\in M} \mathcal{F}(X_m)$ und den Fuzzy-Mengen über N und somit zwischen Implikationen in den Kontexten (G, M, U, I) und (G, N, S) vermittelt. Eine Implikation gilt genau dann in (G, N, S), wenn die durch ϱ zugeordnete Implikation in (G, M, U, I) gilt (Satz 4.6). Für die Gültigkeit einer Implikation in (G, M, U, I) stellt die Gültigkeit der durch σ zugeordneten Implikation in (G, N, S) unter einer Voraussetzung über die Prämisse eine notwendige und unter einer Voraussetzung über die Konklusion eine hinreichende Bedingung dar (Hilfssatz 4.14).

Hilfssatz 3.9 und die Hilfssätze 4.2 (I),(VII) sowie 4.7 (I),(VII) liefern:

Satz 4.6. *Ist der Fuzzy-Kontext (G, N, S) ein abgeleiteter Kontext zum fuzzy-wertigen Kontext (G, M, U, I), so gilt die Implikation $A \to B$ ($A, B \underset{\sim}{\subseteq} N$) in (G, N, S) genau dann, wenn die Implikation $\varrho A \to \varrho B$ in (G, M, U, I) gilt.*

Hilfssatz 4.14. *Der Fuzzy-Kontext* (G, N, S) *sei ein abgeleiteter Kontext zum fuzzy-wertigen Kontext* (G, M, U, I). *Dann gilt die Implikation* $\sigma A \to \sigma B$ *in* (G, N, S), *wenn die Implikation* $A \to B$ *in* (G, M, U, I) *gilt und* $A = (A_m : m \in M)$ *durch* $A_m = \bigcap_{n \in N_m} (\tau_n \to n)$ *mit* $\tau_n \in L$ *dargestellt werden kann. Die Implikation* $A \to B$ *gilt in* (G, M, U, I), *wenn die Implikation* $\sigma A \to \sigma B$ *in* (G, N, S) *gilt und* $B = (B_m : m \in M)$ *durch* $B_m = \bigcap_{n \in N_m} (\tau_n \to n)$ *mit* $\tau_n \in L$ *dargestellt werden kann.*

Beweis. Zu jedem Begriffsinhalt F von (G, N, S) gibt es nach Satz 3.2 einen Begriffsinhalt E von $\alpha(G, M, U, I)$ und somit von (G, M, U, I), so daß $F = \sigma E$ gilt. Aus $\sigma A \subsetapprox F = \sigma E$ folgt $E \subsetapprox A$ nach Hilfssatz 3.12, wenn A die geforderte Darstellung besitzt. Gilt $A \to B$ in (G, M, U, I), so folgt hieraus $E \subsetapprox B$ wegen Hilfssatz 4.7 (I),(IV). Da σ eine antitone Abbildung ist, gilt dann also auch $\sigma B \subsetapprox \sigma E$. Nach Hilfssatz 4.2 (I),(IV) gilt somit der erste Teil der Behauptung.

Ist E Begriffsinhalt von (G, M, U, I), so ist σE nach Folgerung 1 zu Satz 3.2 Begriffsinhalt von (G, N, S). $E \subsetapprox A$ impliziert $\sigma A \subsetapprox \sigma E$, da σ antiton ist. Wenn $\sigma A \to \sigma B$ in (G, N, S) gilt, folgt hieraus $\sigma B \subsetapprox \sigma E$ wegen Hilfssatz 4.2 (I),(IV). Besitzt B die geforderte Darstellung, so impliziert dies $E \subsetapprox B$ nach Hilfssatz 3.12. Hilfssatz 4.7 (I),(IV) liefert die Behauptung.

□

Sind sowohl die Prämisse als auch die Konklusion einer Implikation zwischen Familien aus $\prod_{m \in M} \mathcal{F}(X_m)$ in der in Hilfssatz 4.14 angegebenen Weise darstellbar, so gilt diese Implikation genau dann in (G, M, U, I), wenn die durch σ zugeordnete Implikation in (G, N, S) gilt. In den Folgerungen 1, 2 und 3 werden solche Spezialfälle angegeben.

Mit $\tau_n = 1$ für jedes $n \in N_m$ ergibt sich:

Folgerung 1. *Ist der Fuzzy-Kontext* (G, N, S) *ein abgeleiteter Kontext zum fuzzy-wertigen Kontext* (G, M, U, I) *und gilt* $A_m, B_m \in N_m$ *für jedes* $m \in M$, *so ist* $A \to B$ *genau dann eine Implikation von* (G, M, U, I), *wenn* $\sigma A \to \sigma B$ *eine Implikation von* (G, N, S) *ist.*

Ist K eine MI-Basis von L, dann gilt (vgl. Folgerung 3 zu Satz 3.2):

Folgerung 2. *Ist* (G, N, S) *der abgeleitete Kontext, der durch Skalierung des* L*-fuzzy-wertigen Kontextes* (G, M, U, I) *bezüglich der Mengen*

$$N_m := \{(X_m \setminus \{x\}) \cup (x, \nu) : x \in X_m,\ \nu \in K\}$$

von Merkmalsausprägungen entsteht, so gilt die Implikation $A \to B$ *in* (G, M, U, I) *genau dann, wenn die Implikation* $\sigma A \to \sigma B$ *in* (G, N, S) *gilt.*

Die folgende Aussage ergibt sich unmittelbar aus Folgerung 1 und steht im Zusammenhang mit Folgerung 4 zu Satz 3.2:

Folgerung 3. *Ist* (G, N, S) *der abgeleitete Kontext, der durch Skalierung des* L*-fuzzy-wertigen Kontextes* (G, M, U, I) *bezüglich der Mengen*

$$N_m := \left\{ \bigcup_{g \in G} (\nu_g \cdot m(g)) : \nu_g \in L \right\}$$

von Merkmalsausprägungen entsteht, so gilt die Hauptimplikation $A \rightarrow B$ *in* (G, M, U, I) *genau dann, wenn die Implikation* $\sigma A \rightarrow \sigma B$ *in* (G, N, S) *gilt.*

4.3 Approximatives Schließen

In der Theorie der Fuzzy-Mengen werden insbesondere für die Anwendung in Fuzzy-Reglern verschiedene Inferenzverfahren vorgeschlagen (siehe zum Beispiel [23], [50], [8], [9], [35]). Diese als „approximatives Schließen" bekannten Methoden sollen im folgenden ähnlichen Verfahren, die durch die Kontextlogik (d. h. durch das semantische Folgen in Fuzzy-Kontexten und fuzzy-wertigen Kontexten) begründet werden können, gegenübergestellt werden.

Beim approximativen Schließen werden sogenannte „linguistische Variable" (vgl. [60]) verwendet. Das sind Variable (wie z. B. „Temperatur"), deren Werte Worte oder Ausdrücke der Umgangssprache (wie z. B. „warm" oder „kalt") sind, die durch Fuzzy-Mengen charakterisiert werden können (siehe Abbildung 1.7). Anliegen des approximativen Schließens ist es, aus unscharfen Eingangsdaten wie „$m = C$" mit Hilfe von Fuzzy-Regeln der Form „wenn $m = A_t$, dann $n = B_t$" (unscharfe) Ausgangsdaten der Form „$n = D$" zu gewinnen (m, n: linguistische Variable; A_t, C: Fuzzy-Mengen über X_m; B_t, D: Fuzzy-Mengen über X_n; $t \in T$, T: Indexmenge). Eine Regel könnte zum Beispiel im fuzzy-wertigen Kontext in Abbildung 3.3 (vgl. Erläuterung zum Diagramm des zugehörigen Begriffsverbandes in Abbildung 3.6) lauten „wenn Geschwindigkeit = schnell , dann Verbrauch = mindestens 8 l/100 km". Mit Hilfe dieser Regel soll dann von „Geschwindigkeit = ziemlich schnell" auf einen bestimmten Verbrauch (beschrieben durch eine geeignete Fuzzy-Menge) geschlossen werden. Zur Vereinfachung der Betrachtungen soll davon ausgegangen werden, daß genau eine Regel gegeben ist und das Schlußschema somit die Gestalt

$$\frac{\begin{array}{ll}\text{wenn} \quad m = A, & \text{dann} \quad n = B \\ \qquad\quad m = C & \end{array}}{\qquad\qquad\qquad\qquad n = D}$$

hat. Ein solches Inferenzverfahren sollte die folgenden Eigenschaften haben (siehe [8], [9], [50]):

$$\begin{array}{l} B \subsetapprox D, \\ C \subsetapprox A \implies D = B, \\ C_1 \subsetapprox C_2 \implies D_1 \subsetapprox D_2. \end{array}$$

Die Theorie des unscharfen Schließens beschränkt sich im allgemeinen auf L-Fuzzy-Algebren, bei denen die Trägermenge L eine Teilmenge des reellen Intervalls $[0,1]$ ist. Dies soll auch hier vorausgesetzt werden. Häufig wird außerdem vorausgesetzt, daß die Fuzzy-Mengen „normalisiert" sind, d. h. der Wertebereich jeder Zugehörigkeitsfunktion den Wert 1 enthält.

In [50], Kapitel 7, werden zwei gebräuchliche Methoden des approximativen Schließens unterschieden, die „simple Form" und das „plausible Schließen". Bei der simplen Form (siehe auch [23], Kapitel 4) wird D durch Anwendung eines (2stelligen) Inferenzoperators auf B und ein Maß für die Kompatibilität von A und C (in [23]: „Aktivierungsgrad der Regel $A \to B$ für C") berechnet. In [50] werden als Maß für die Kompatibilität von A und C

$$\bigvee_{x \in X_m} (\mu_C(x) \wedge \mu_A(x))$$

und als Inferenzoperator $\wedge$ oder $\circ$ (Produkt reeller Zahlen) vorgeschlagen, d. h., D wird dann durch

$$\mu_D(y) = \mu_B(y) \wedge \bigvee_{x \in X_m} (\mu_C(x) \wedge \mu_A(x))$$

oder

$$\mu_D(y) = \mu_B(y) \circ \bigvee_{x \in X_m} (\mu_C(x) \wedge \mu_A(x))$$

(siehe auch [25]) für jedes $y \in X_n$ ermittelt.

Diese beiden Varianten der simplen Methode besitzen zwar die dritte der oben angegebenen Eigenschaften und, wenn C als normalisiert vorausgesetzt wird, auch die zweite, statt $B \subsetneq D$ gilt jedoch $D \subsetneq B$, d. h., das Inferenzverfahren liefert im allgemeinen mehr Information als die angewendete Regel als Konklusion enthält.

In [23] wird außerdem als „pessimistischerer" Aktivierungsgrad der Regel $A \rightarrow B$ für C, der jedoch bisher nicht in Fuzzy-Reglern angewendet wurde,

$$\bigwedge_{x \in X_m} (\mu_C(x) \rightarrow \mu_A(x))$$

erwähnt. Mit einem durch die $\rightarrow$-Operation definierten Inferenzoperator ergibt sich daraus eine weitere Variante der simplen Methode des approximativen Schließens, bei der nach obigem Schlußschema die Fuzzy-Menge D durch

$$\mu_D(y) = \bigwedge_{x \in X_m} (\mu_C(x) \rightarrow \mu_A(x)) \rightarrow \mu_B(y)$$

für jedes $y \in X_n$ ermittelt wird (siehe [23]). Dieses Verfahren besitzt die oben erwähnten wünschenswerten Eigenschaften.

Beim plausiblen Schließen (siehe auch [20], [8], [9]) wird D durch

$$\mu_D(y) = \bigvee_{x \in X_m} (\mu_C(x) \cdot (\mu_A(x) \rightarrow \mu_B(y)))$$

für jedes $y \in X_n$ berechnet. Dieses Inferenzverfahren wird als Verallgemeinerung des modus ponens verstanden und besitzt ebenfalls die gewünschten Eigenschaften.

Im weiteren werden Zusammenhänge zwischen diesen Methoden des approximativen Schließens und der Gültigkeit von Implikationen in fuzzy-wertigen Kontexten und in Fuzzy-Kontexten untersucht. Dabei sollen für fuzzy-wertige Kontexte nur Implikationen $A \rightarrow B$ ($A, B \in \prod_{m \in M} \mathcal{F}(X_m)$) mit der Eigenschaft $A_k = X_k$ für jedes $k \in M \setminus \{m\}$ und $B_l = X_l$ für jedes $l \in M \setminus \{n\}$ betrachtet werden. Ist $A \rightarrow B$ eine Implikation des fuzzy-wertigen Kontextes (G, M, U, I) und folgt die Implikation $C \rightarrow D$ semantisch aus $A \rightarrow B$, dann kann dies so interpretiert werden, daß in (G, M, U, I) die Regel „wenn $m = A_m$, dann $n = B_n$" gilt und daß mit Hilfe dieser Regel von „$m = C_m$" auf „$n = D_n$" geschlossen werden kann. Aus der Kontext-Logik (vgl. Abschnitt 4.2) ergibt sich somit durch Ermittlung (der n-ten Komponente) des zu C gehörigen Kernes $\mathcal{L}(C)$ in $\mathcal{K}(A \rightarrow B)$ ein Inferenzverfahren nach obigem Schlußschema mit

$$\begin{aligned} \mu_{D_n}(y) &:= \text{tv}\,(„C \subsetneq A") \rightarrow \mu_{B_n}(y) \\ &= \bigwedge_{x \in X_m} (\mu_{C_m}(x) \rightarrow \mu_{A_m}(x)) \rightarrow \mu_{B_n}(y). \end{aligned}$$

Dieses Verfahren stimmt also gerade mit der oben beschriebenen „pessimistischeren" Variante der simplen Methode des approximativen Schließens überein.

Im Vergleich zum plausiblen Schließen liefert dieses Verfahren „weniger scharfe" Aussagen (d. h. „größere" Fuzzy-Mengen), da

$$\begin{aligned}
&\bigvee_{x \in X_m} (\mu_{C_m}(x) \cdot (\mu_{A_m}(x) \to \mu_{B_n}(y))) \\
\leq &\bigvee_{x \in X_m} (((\mu_{C_m}(x) \to \mu_{A_m}(x)) \to \mu_{A_m}(x)) \cdot (\mu_{A_m}(x) \to \mu_{B_n}(y))) \\
& \qquad\qquad\qquad\qquad\qquad\qquad\qquad\qquad \text{(wegen (7),(2))} \\
\leq &\bigvee_{x \in X_m} ((\mu_{C_m}(x) \to \mu_{A_m}(x)) \to \mu_{B_n}(y)) \qquad\qquad \text{(wegen (10))} \\
\leq &\bigwedge_{x \in X_m} (\mu_{C_m}(x) \to \mu_{A_m}(x)) \to \mu_{B_n}(y) \qquad\qquad \text{(wegen (11))}
\end{aligned}$$

für jedes $y \in X_n$ gilt. Im allgemeinen gilt nicht die Gleichheit, wie das folgende Beispiel zeigt: Ist „mindestens 200 km/h" der durch die Zugehörigkeitsfunktion

$$\mu_{\text{„mindestens 200 km/h"}}(x) = \begin{cases} 1, & \text{wenn} \quad x \geq 200, \\ 0 & \text{sonst} \end{cases}$$

charakterisierte Fuzzy-Wert des Merkmals „Geschwindigkeit" (in km/h) im reellen Intervall $[140, 220] = X_m$, so ist

„mindestens 200 km/h" $\to$ „ziemlich hoher Verbrauch"

eine Implikation des fuzzy-wertigen Kontextes in Abbildung 3.3 bzw. 3.4. Unter Ausnutzung des semantischen Folgens kann damit von „schnell" auf einen Fuzzy-Wert u des Merkmals „Verbrauch" (in l/100 km) im reellen Intervall $[6, 12] = X_n$ geschlossen werden, der durch die Zugehörigkeitsfunktion

$$\mu_u(x) = \begin{cases} 1, & \text{wenn} \quad x \geq 8, \\ \frac{1}{2} & \text{sonst} \end{cases}$$

charakterisiert wird. Durch plausibles Schließen kann hingegen auf den durch

$$\mu_v(x) = \begin{cases} 1, & \text{wenn} \quad x \geq 10, \\ \frac{1}{2} & \text{sonst} \end{cases}$$

charakterisierten Fuzzy-Wert v geschlossen werden. Im betrachteten Kontext besitzt das Fahrzeug F4 für das Merkmal „Geschwindigkeit“ den Fuzzy-Wert „schnell“, für das Merkmal „Verbrauch“ den Fuzzy-Wert „mindestens 8 l/100 km“, und es gilt

$$v \underset{\sim}{\subsetneq} u,$$
$$\text{„mindestens } 8\,\text{l}/100\,\text{km“} \underset{\sim}{\subsetneq} u,$$
$$\text{„mindestens } 8\,\text{l}/100\,\text{km“} \underset{\sim}{\not\subseteq} v.$$

Der Verbrauch von F4 gehört also zur Fuzzy-Menge u, jedoch nicht zu v.

Anders als in fuzzy-wertigen Kontexten können die in einem Fuzzy-Kontext (G, N, S) geltenden Merkmalimplikationen $A \to B$ mit $A, B \underset{\sim}{\subsetneq} N$ nicht unmittelbar als Regeln im Sinne des approximativen Schließens interpretiert werden. Eine ähnliche Interpretation ist aber möglich, wenn davon ausgegangen wird, daß die Merkmale (im allgemeinen nicht bekannte) Fuzzy-Mengen sind und (G, N, S) durch Skalierung eines fuzzy-wertigen Kontextes (G, M, U, I) bezüglich $N = \dot{\bigcup}_{m \in M} N_m$ mit $N_m \subseteq \mathcal{F}(X_m)$ entstanden ist. (Damit wird auch der Fall erfaßt, daß die Kontexteinträge (siehe Abschnitt 2.1) für jeden Gegenstand $g \in G$ aus exakten Werten $x \in X_m$ der Merkmale $k_m \in N_m$ $(m \in M)$ durch $k_m(g) := \mu_{k_m}(x)$ festgelegt wurden.) Es sollen nur solche Implikationen $A \to B$ in (G, N, S) betrachtet werden, für die $A \underset{\sim}{\subsetneq} N_m$ und $B \underset{\sim}{\subsetneq} N_n$ gilt. Dann gilt $(\varrho A)_k = X_k$ für jedes $k \in M \setminus \{m\}$ und $(\varrho B)_l = X_l$ für jedes $l \in M \setminus \{n\}$. Nach Satz 4.6 gilt die Implikation $A \to B$ in (G, N, R) genau dann, wenn die Implikation $\varrho A \to \varrho B$ in (G, M, U, I) gilt. Die Gültigkeit der Implikation $A \to B$ kann also so interpretiert werden, daß die Regel „wenn $m = (\varrho A)_m$, dann $n = (\varrho B)_n$“ gilt. Von der Implikation $A \to B$ kann genau dann auf $C \to D$ geschlossen werden, wenn (unabhängig von den die Abbildung ϱ bestimmenden Fuzzy-Mengen $k_m \in N_m$ und $k_n \in N_n$) mit Hilfe dieser Regel von „$m = (\varrho C)_m$“ auf „$n = (\varrho D)_n$“ geschlossen werden kann.

Wird durch ein Inferenzverfahren nach obigem Schlußschema von „$m = (\varrho C)_m$“ auf „$n = E_n$“ geschlossen, so liefert es wegen Hilfssatz 4.9 (II) die Implikation $C \to D$ für genau diejenigen $D \underset{\sim}{\subsetneq} N_n$, für welche $(\varrho D)_n \underset{\sim}{\supsetneq} E_n$ gilt. Es gilt die folgende Aussage:

Hilfssatz 4.15. *Für jede Fuzzy-Menge $D \in \mathcal{F}(N)$ und jede Familie $E \in \prod_{m \in M} \mathcal{F}(X_m)$ (und die Abbildungen σ und ϱ aus Abschnitt 3.2) gilt*

$$\operatorname{tv}(\text{„}D \underset{\sim}{\subsetneq} \sigma E\text{“}) = \operatorname{tv}(\text{„}E \underset{\sim}{\subsetneq} \varrho D\text{“}).$$

Beweis. Es gilt

$$
\begin{aligned}
&\text{tv}\,(\text{„}D \subsetneqq \sigma E\text{“})\\
&= \bigwedge_{m\in M}\bigwedge_{k_m\in N_m}\left(\mu_D(k_m) \to \bigwedge_{x\in X_m}(\mu_{E_m}(x)\to\mu_{k_m}(x))\right)\\
&= \bigwedge_{m\in M}\bigwedge_{k_m\in N_m}\bigwedge_{x\in X_m}(\mu_D(k_m)\to(\mu_{E_m}(x)\to\mu_{k_m}(x))) \qquad \text{(wegen (12))}\\
&= \bigwedge_{m\in M}\bigwedge_{k_m\in N_m}\bigwedge_{x\in X_m}(\mu_{E_m}(x)\to(\mu_D(k_m)\to\mu_{k_m}(x))) \qquad \text{(wegen (4))}\\
&= \bigwedge_{m\in M}\bigwedge_{x\in X_m}\left(\mu_{E_m}(x)\to \bigwedge_{k_m\in N_m}(\mu_D(k_m)\to\mu_{k_m}(x))\right) \qquad \text{(wegen (1),(12))}\\
&= \text{tv}\,(\text{„}E \subsetneqq \varrho D\text{“}).
\end{aligned}
$$

□

Nach diesem Hilfssatz sind $\varrho D \supsetneqq E$ und $D \subsetneqq \sigma E$ äquivalente Aussagen. Die Implikation $C \to D$ gilt also genau dann für alle $D \subsetneqq N_n$ mit $(\varrho D)_n \supsetneqq E_n$, wenn sie für alle $D \subsetneqq N_n$ mit $D \subsetneqq \sigma E$ ($E_l = X_l$ für jedes $l \in M \setminus \{n\}$) gilt, d. h., (wegen Hilfssatz 4.4 (II)) wenn $C \to \sigma E$ gilt. Wird durch ein Inferenzverfahren mit Hilfe der Regel „wenn $m = (\varrho A)_m$, dann $n = (\varrho B)_n$“ von „$m = (\varrho C)_m$“ auf „$n = E_n$“ geschlossen, so ist dies also gleichbedeutend damit, daß von der Gültigkeit der Implikation $A \to B$ auf die von $C \to \sigma E$ geschlossen werden kann.

$A \to B$ sei eine Implikation des Fuzzy-Kontextes (G, N, S), und $C \subsetneqq N_m$ sei eine Fuzzy-Menge. Als semantische Folgerung aus $A \to B$ in (G, N, S) ergibt sich dann durch Ermittlung (des Durchschnittes von N_n und) der zu C gehörigen Hülle $\mathcal{L}(C)$ in $\mathcal{H}(A \to B)$ die Implikation $C \to D$ mit

$$
\begin{aligned}
\mu_D(k_n) &= \mu_B(k_n)\cdot \text{tv}\,(\text{„}A \subsetneqq C\text{“})\\
&= \mu_B(k_n)\cdot \bigwedge_{k_m\in N_m}(\mu_A(k_m)\to\mu_C(k_m))
\end{aligned}
$$

für jedes $k_n \in N_n$ (siehe Abschnitt 4.1).

Beim Vergleich des semantischen Folgens in (G, N, S) mit den Methoden des approximativen Schließens wird der folgende Hilfssatz angewendet:

Hilfssatz 4.16. *Ist (G, M, U, I) ein fuzzy-wertiger Kontext und (G, N, S) ein zugehöriger durch Skalierung abgeleiteter Kontext, so folgt die Implikation $C \to D$ in (G, N, S) genau dann semantisch aus $A \to B$, wenn in (G, M, U, I) unabhängig von den (die Abbildungen ϱ und σ bestimmenden) zu N gehörigen Fuzzy-Mengen die Implikation $\varrho C \to \varrho D$ semantisch aus $\varrho A \to \varrho B$ folgt.*

Beweis. In (G, N, S) folgt $C \to D$ genau dann aus $A \to B$, wenn die Aussage

$$\forall E \underset{\sim}{\subseteq} N \quad (\operatorname{tv}(„A \underset{\sim}{\subseteq} E“) \leq \operatorname{tv}(„B \underset{\sim}{\subseteq} E“) \implies \operatorname{tv}(„C \underset{\sim}{\subseteq} E“) \leq \operatorname{tv}(„D \underset{\sim}{\subseteq} E“))$$

wahr ist. In (G, M, U, I) folgt $\varrho C \to \varrho D$ genau dann aus $\varrho A \to \varrho B$, wenn

$$\forall F \in \prod_{m \in M} \mathcal{F}(X_m) \quad (\operatorname{tv}(„\varrho A \underset{\sim}{\supseteq} F“) \leq \operatorname{tv}(„\varrho B \underset{\sim}{\supseteq} F“)$$
$$\implies \operatorname{tv}(„\varrho C \underset{\sim}{\supseteq} F“) \leq \operatorname{tv}(„\varrho D \underset{\sim}{\supseteq} F“))$$

wahr ist. Unter Benutzung von Hilfssatz 4.15 ergibt sich hieraus die Behauptung. (Es gilt $\sigma(\prod_{m \in M} \mathcal{F}(X_m)) = \mathcal{F}(N)$, wenn $N = \dot{\bigcup}_{m \in M} N_m$ zum Beispiel die Eigenschaft besitzt, daß für alle $a \in L$, $k \in N_m$ ein $x_{k,a} \in X_m$ mit $\mu_k(x_{k,a}) = a$ und $\mu_l(x_{k,a}) = 1$ für alle $l \in N_m \setminus \{k\}$ existiert, da dann $\sigma F = E$ für jedes $E \underset{\sim}{\subseteq} N$ und die Familie F mit $F_m = \{x_{k,\mu_E(k)} : k \in N_m\}$ gilt.)

□

Da (wie oben für fuzzy-wertige Kontexte gezeigt wurde) $\varrho C \to \varrho D$ genau dann semantisch aus $\varrho A \to \varrho B$ folgt, wenn mit Hilfe der „pessimistischeren“ Variante der simplen Methode des approximativen Schließens aufgrund der Regel „wenn $m = (\varrho A)_m$, dann $n = (\varrho B)_n$“ von „$m = (\varrho C)_m$“ auf „$n = (\varrho D)_n$“ geschlossen werden kann, stimmen die durch dieses Inferenzverfahren gewonnenen Aussagen nach Hilfssatz 4.16 auch mit den aufgrund der Kontextlogik in (G, N, S) gewinnbaren Aussagen überein.

Das plausible Schließen liefert für fuzzy-wertige Kontexte einerseits „schärfere“ Aussagen als das semantische Folgen. Also liefert es auch für Fuzzy-Kontexte mindestens die Aussagen, die aufgrund der Kontextlogik in (G,N,S) geschlossen werden können. Andererseits gilt:

Hilfssatz 4.17. *Gilt* $N_m \subseteq \mathcal{F}(X_m)$, $N_n \subseteq \mathcal{F}(X_n)$, $A, C \underset{\sim}{\subseteq} N_m$, $B \underset{\sim}{\subseteq} N_n$, *und sind die Aussagen*

$$\forall k_m \in N_m \ \ \exists x_{k_m} \in X_m \ \ (\mu_{k_m}(x_{k_m}) = \mu_C(k_m)), \tag{I}$$

$$\forall k_n \in N_n \ \ \exists y_{k_n} \in X_n \ \ \left(\mu_{k_n}(y_{k_n}) = \mu_B(k_n) \cdot \bigwedge_{k_m \in N_m} (\mu_A(k_m) \to \mu_C(k_m))\right) \tag{II}$$

wahr, so gilt für jedes $k_n \in N_n$

$$\bigwedge_{y \in X_n} \left(\bigvee_{x \in X_m} (\mu_{(\varrho C)_m}(x) \cdot (\mu_{(\varrho A)_m}(x) \to \mu_{(\varrho B)_n}(y))) \to \mu_{k_n}(y) \right)$$
$$\leq \mu_B(k_n) \cdot \bigwedge_{k_m \in N_m} (\mu_A(k_m) \to \mu_C(k_m)).$$

Beweis. Es gilt

$$\bigwedge_{y\in X_n}\left(\bigvee_{x\in X_m}\left(\bigwedge_{k_m\in N_m}(\mu_C(k_m)\to\mu_{k_m}(x))\cdot\left(\bigwedge_{l_m\in N_m}(\mu_A(l_m)\to\mu_{l_m}(x))\right.\right.\right.$$
$$\left.\left.\left.\to\bigwedge_{l_n\in N_n}(\mu_B(l_n)\to\mu_{l_n}(y))\right)\right)\to\mu_{k_n}(y)\right)$$

$$\le\left(\bigwedge_{k_m\in N_m}\left(\mu_C(k_m)\to\mu_{k_m}(x_{k_m})\right)\cdot\left(\bigwedge_{l_m\in N_m}(\mu_A(l_m)\to\mu_{l_m}(x_{l_m}))\right.\right.$$
$$\left.\left.\to\bigwedge_{l_n\in N_n}(\mu_B(l_n)\to\mu_{l_n}(y_{l_n}))\right)\right)\to\mu_{k_n}(y_{k_n})\qquad\text{(wegen (1),(6))}$$

$$=\left(\bigwedge_{k_m\in N_m}(\mu_C(k_m)\to\mu_C(k_m))\cdot\left(\bigwedge_{l_m\in N_m}(\mu_A(l_m)\to\mu_C(l_m))\right.\right.$$
$$\left.\left.\to\bigwedge_{l_n\in N_n}(\mu_B(l_n)\to\mu_{l_n}(y_{l_n}))\right)\right)\to\mu_{k_n}(y_{k_n})\qquad\text{(wegen (I))}$$

$$=\bigwedge_{l_n\in N_n}\left(\bigwedge_{l_m\in N_m}(\mu_A(l_m)\to\mu_C(l_m))\to(\mu_B(l_n)\to\mu_{l_n}(y_{l_n}))\right)\to\mu_{k_n}(y_{k_n})$$
$$\text{(wegen (5),(12))}$$

$$=\bigwedge_{l_n\in N_n}\left(\left(\mu_B(l_n)\cdot\bigwedge_{l_m\in N_m}(\mu_A(l_m)\to\mu_C(l_m))\right)\to\mu_{l_n}(y_{l_n})\right)\to\mu_{k_n}(y_{k_n})$$
$$\text{(wegen (9),(2))}$$

$$=\mu_B(k_n)\cdot\bigwedge_{k_m\in N_m}(\mu_A(k_m)\to\mu_C(k_m))\qquad\text{(wegen (II),(5),(8))}.$$

□

Durch plausibles Schließen kann von $A\to B$ auf $C\to\sigma E$ mit

$$\mu_{E_n}(y)=\bigvee_{x\in X_m}(\mu_{(\varrho C)_m}(x)\cdot(\mu_{(\varrho A)_m}(x)\to\mu_{(\varrho B)_n}(y)))$$

geschlossen werden. Sind die Elemente von N_m und N_n nicht bekannte Fuzzy-Mengen (wie hier vorausgesetzt wird, siehe oben), so kann auch durch plausibles Schließen nur auf $C\to D$ mit

$$\mu_D(k_n)=\mu_B(k_n)\cdot\bigwedge_{k_m\in N_m}(\mu_A(k_m)\to\mu_C(k_m))$$

geschlossen werden. Für alle $A, C \underset{\sim}{\subseteq} N_m$, $B \underset{\sim}{\subseteq} N_n$ können nämlich Mengen von Fuzzy-Mengen $k_m \in \mathcal{F}(X_m)$ bzw. $k_n \in \mathcal{F}(X_n)$ angegeben werden, die die Voraussetzungen von Hilfssatz 4.17 erfüllen. Haben N_m und N_n diese Eigenschaft (Dies ist zum Beispiel der Fall, wenn alle $k_m \in N_m$ und $k_n \in N_n$ den Wertebereich L besitzen.), so gilt nach Hilfssatz 4.17 $\sigma E \underset{\sim}{\subseteq} D$. In diesem Sinne stimmen also für Fuzzy-Kontexte auch die durch plausibles Schließen möglichen Aussagen mit den aufgrund der Kontextlogik gewinnbaren Aussagen überein.

5. Verallgemeinerte komplementäre Kontexte

5.1 Komplementäre Fuzzy-Kontexte

Im allgemeinen sind Komplemente der Elemente einer L-Fuzzy-Algebra nicht definiert und somit auch nicht das Komplement einer L-Fuzzy-Menge bezüglich ihres Grundbereiches. Durch Zuordnung geeigneter Ableitungsoperatoren zu einem Fuzzy-Kontext ist es jedoch möglich, den Begriffsverband eines „verallgemeinerten komplementären Fuzzy-Kontextes" zu bilden. Dieser ist zu dem des komplementären Fuzzy-Kontextes isomorph, wenn ein solcher in geeigneter Weise definiert werden kann. Auch die Definition des dichotomen Kontextes kann in diesem Sinne für Fuzzy-Kontexte verallgemeinert werden.

Ist $(L; \wedge, \vee)$ ein komplementärer Verband (siehe Hilfssatz 1.2), so wird das *Komplement* $\overline{A}$ der L-Fuzzy-Menge A bezüglich ihres Grundbereiches X wegen Hilfssatz 1.2 durch

$$\mu_{\overline{A}}(x) := \neg\mu_A(x)$$

definiert. In diesem Fall sei $(G, M, \overline{R})$ der ***komplementäre** L-**Fuzzy-Kontext*** zu (G, M, R) (vgl. [17] für einwertige Kontexte). Der Fuzzy-Begriffsverband des komplementären Fuzzy-Kontextes kann auch durch geeignete Definition von Ableitungsoperatoren für den Fuzzy-Kontext (G, M, R) bestimmt werden. Dazu wird die Bildung von Komplementen nicht benötigt, so daß diese Definition für L-Fuzzy-Kontexte, denen beliebige L-Fuzzy-Algebren zugrunde liegen, verallgemeinert werden kann.

Dieser Ansatz soll durch ein Beispiel motiviert werden, indem Inserate in einer Zeitung ausgewertet werden. Zunächst sollen die Eigenschaften der angebotenen Gebrauchtwagen in einem Fuzzy-Kontext erfaßt sein. Die Gegenstände sind dabei die angebotenen Fahrzeuge, die Merkmale die in den Annoncen angegebenen Eigenschaften der Autos. Der Fuzzy-Kontext hat dann eine Gestalt wie in Abbildung 3.9. Ein kaufinteressierter Leser hat wiederum „unscharfe" Erwartungen an das gesuchte Fahrzeug. Wird nun der von dieser Fuzzy-Merkmalsmenge erzeugte Fuzzy-Begriff (wie bisher) gebildet, so gibt der Zugehörigkeitswert jedes Autos zum Begriffsumfang an, in welchem Maße dieses Fahrzeug die zum Begriffsinhalt gehörenden Eigenschaften besitzt, d. h., wie gut das angebotene Fahrzeug den Erwartungen des Käufers entspricht. Ein Auto gehört also zu dem entsprechenden Begriff, wenn es (mindestens) die geforderten Merkmale aufweist. Der Begriffsinhalt gibt an, welche Eigenschaften im Rahmen des vorliegenden Angebotes aus den vom Käufer geforderten folgen.

Eine andere Behandlung erfordern Anzeigen, in denen Gebrauchtwagen gesucht werden. Die Wünsche der Käufer von Fahrzeugen können wiederum in einem Fuzzy-Kontext erfaßt werden. Die Gegenstände sind dabei die Käufer (d. h. die Inserenten), die Merkmale sind Eigenschaften von Autos. Ein Autoverkäufer möchte dann zur Fuzzy-Merkmalsmenge seines Fahrzeuges erfahren, wie gut es den Wünschen der im Kontext erfaßten Käufer entspricht. Interessant sind also Begriffe, die die Eigenschaft haben, daß ein Gegenstand (Käufer) in dem Maße zu dem von einer Fuzzy-Merkmalsmenge (Eigenschaften eines Autos) erzeugten Begriff gehört, wie die Fuzzy-Merkmalsmenge des Gegenstandes (Käuferwunsch) in der erzeugenden Fuzzy-Merkmalsmenge (und somit im Begriffsinhalt) enthalten ist. Ein Gegenstand gehört also dann zum Begriff, wenn er höchstens die den Begriff erzeugenden Merkmale hat. Das wird erreicht, indem der folgende *komplementäre Ableitungsoperator* ^{c} verwendet wird:

$$\begin{aligned}\mu_{B^c}(g) &:= \text{tv}\,(\forall m \in M\ (\text{„}g \text{ hat } m\text{“} \rightarrow \text{„}m \in B\text{“}))\\ &= \bigwedge_{m \in M} (\mu_R(g,m) \rightarrow \mu_B(m))\end{aligned}$$

für $B \underset{\sim}{\subseteq} M$, $g \in G$. Aufgrund der Ähnlichkeit mit den Ableitungsoperatoren in fuzzy-wertigen Kontexten kann der zugehörige *komplementäre Ableitungsoperator* für Fuzzy-Gegenstandsmengen durch analoge Überlegungen wie in 3.1 angegeben werden:

$$\mu_{A^c}(m) := \bigvee_{g \in G} (\mu_A(g) \cdot \mu_R(g,m))$$

für $A \underset{\sim}{\subseteq} G$, $m \in M$. Durch diesen Operator wird jeder Fuzzy-Gegenstandsmenge A (Fuzzy-Menge von Käufern) die kleinste Fuzzy-Merkmalsmenge A^c (Eigenschaften von Autos) mit der Eigenschaft, daß der Quasiwahrheitswert der Aussage „Die Merkmale (Käuferwunsch) von g sind in A^c enthalten“ für jedes $g \in G$ mindestens $\mu_A(g)$ ist, zugeordnet.

Die Überlegungen zu den Ableitungsoperatoren für fuzzy-wertige Kontexte lassen sich dann unmittelbar auf diese Operatoren übertragen (vgl. 3.1),

d. h., es können auch in analoger Weise Begriffe definiert werden. Die Menge aller solchen Begriffe ist mit der durch

$$(A_1, B_1) \leq (A_2, B_2) \;:\Longleftrightarrow\; A_1 \underset{\sim}{\subseteq} A_2 \;(\Longleftrightarrow\; B_1 \underset{\sim}{\subseteq} B_2)$$

definierten Ordnungsrelation ein vollständiger Verband, der mit $\underline{\mathcal{B}_c}(G, M, R)$ bezeichnet wird.

Für den Spezialfall der klassischen Logik (vgl. 3.1) ergeben sich auf obige Weise die folgenden komplementären Ableitungsoperatoren:

$$\begin{aligned} B^c &= \{g \in G : \forall m \notin B \; g \not I m\}, \\ A^c &= M \setminus \{m \in M : \forall g \in A \; g \not I m\}. \end{aligned}$$

Ersetzt man dabei die Merkmalsmengen jeweils durch ihr Komplement (bezüglich M), so erhält man gerade die üblichen Ableitungsoperatoren für den komplementären Kontext. Der Begriffsverband ist also zu dem des komplementären Kontextes isomorph.

Dies gilt auch allgemeiner, wenn in der L-Fuzzy-Algebra eine *Negation* und damit für jede L-Fuzzy-Menge das *Komplement* in geeigneter Weise definiert werden können.

Genügt die Negation $\neg$ den Bedingungen

$$(\neg a) \to (\neg b) = b \to a, \tag{17}$$

$$\neg(a \cdot b) = a \to (\neg b), \tag{18}$$

$$\neg\left(\bigvee_{i \in I} a_i\right) = \bigwedge_{i \in I} (\neg a_i), \tag{19}$$

und ist das Komplement $\overline{A} \underset{\sim}{\subseteq} X$ der L-Fuzzy-Menge $A \underset{\sim}{\subseteq} X$ durch

$$\mu_{\overline{A}}(x) := \neg \mu_A(x)$$

definiert, so folgt unmittelbar:

Hilfssatz 5.1. *Für alle $B \underset{\sim}{\subseteq} M$, $A \underset{\sim}{\subseteq} G$ und die oben angegebenen Ableitungsoperatoren gilt*

$$\mu_{B^c}(g) = \bigwedge_{m \in M} (\mu_{\overline{B}}(m) \to \mu_{\overline{R}}(g, m)),$$

$$\mu_{\overline{A^c}}(m) = \bigwedge_{g \in G} (\mu_A(g) \to \mu_{\overline{R}}(g, m)).$$

Weiterhin gilt:

Hilfssatz 5.2. *Die Eigenschaften (17), (18) sind äquivalent zu*

$$\neg a = a \to 0 \quad \textit{und} \tag{20}$$

$$\neg\neg a = a, \tag{21}$$

und (20) impliziert (19).

Beweis. Die Bedingungen (17) und (18) seien erfüllt. Dann gilt wegen (2), (18), (5)

$$\neg 0 = \neg(0 \cdot a) = 0 \to (\neg a) = 1,$$

woraus wegen (8) und (17)

$$\neg a = 1 \to (\neg a) = (\neg 0) \to (\neg a) = a \to 0$$

folgt. Damit gilt ferner

$$\begin{aligned} a &= 1 \to a && \text{(wegen (8))} \\ &= (a \to 0) \to (1 \to 0) && \text{(wegen (17))} \\ &= 1 \to ((a \to 0) \to 0) && \text{(wegen (4))} \\ &= \neg\neg a && \text{(wegen (8))}. \end{aligned}$$

Sind die Bedingungen (20) und (21) erfüllt, so gilt

$$\begin{aligned} (\neg a) \to (\neg b) &= (a \to 0) \to (b \to 0) && \text{(wegen (20))} \\ &= b \to ((a \to 0) \to 0) && \text{(wegen (4))} \\ &= b \to a && \text{(wegen (20),(21))} \end{aligned}$$

und

$$\begin{aligned} \neg(a \cdot b) &= (a \cdot b) \to 0 && \text{(wegen (20))} \\ &= a \to (b \to 0) && \text{(wegen (9))} \\ &= a \to (\neg b) && \text{(wegen (20))}. \end{aligned}$$

(20) impliziert (19), da wegen (12) und (20) gilt:

$$\begin{aligned} \neg \bigvee_{i \in I} (a_i) &= \bigvee_{i \in I} (a_i) \to 0 \\ &= \bigwedge_{i \in I} (a_i \to 0) \\ &= \bigwedge_{i \in I} (\neg a_i). \end{aligned}$$

□

Die Voraussetzungen für Hilfssatz 5.1 sind also genau dann erfüllt, wenn in der L-Fuzzy-Algebra $(a \to 0) \to 0 = a$ gilt und die Negation durch $\neg a = a \to 0$ definiert wird. (Das ist insbesondere dann der Fall, wenn $(L; \wedge, \vee)$ ein komplementärer Verband ist.) In der Literatur (siehe z. B. [59], [64], [1]) wird für die Negation in L-Fuzzy-Algebren, bei denen die Trägermenge L eine Teilmenge des reellen Intervalls $[0,1]$ ist, die Operation $\neg a := 1 - a$ vorgeschlagen. Im Fall der LUKASIEWICZ-Logik gilt $a \to 0 = 1 - a$ (und $(a \to 0) \to 0 = a$). Für allgemeine L-Fuzzy-Algebren wird in [20] und [52] (Abschnitt 1.2.1) die Negation durch $\neg a := a \to 0$ definiert, ohne daß (21) gefordert wird.

Unter den Voraussetzungen für Hilfssatz 5.1 gilt:

Satz 5.1. $\underline{\mathcal{B}_c}(G, M, R) \cong \underline{\mathcal{B}}(G, M, \overline{R})$.
Die Isomorphie wird durch $\varphi : (A, B) \mapsto (A, \overline{B})$ *vermittelt.*

Beweis. Ist $(A, B) \in \underline{\mathcal{B}_c}(G, M, R)$ der von einer Fuzzy-Menge $D \underset{\sim}{\subseteq} M$ (mittels der komplementären Ableitungsoperatoren) erzeugte Begriff, so ist $(A, \overline{B})$ wegen Hilfssatz 5.1 der von $\overline{D} \underset{\sim}{\subseteq} M$ erzeugte Begriff in $\underline{\mathcal{B}}(G, M, \overline{R})$. Wegen (21) wird durch $D \mapsto \overline{D}$ eine Abbildung von $\mathcal{F}(M)$ auf sich definiert, d. h., φ ist eine bijektive Abbildung zwischen den beiden Begriffsverbänden. Die Ordnungsrelationen sind jeweils durch die Fuzzy-Teilmengen-Relation zwischen den Begriffsumfängen definiert. Es handelt sich also um einen Isomorphismus. (Wegen (21) ist $\varphi^{-1} : (A, B) \mapsto (A, \overline{B})$ die zu φ inverse Abbildung.)

□

Zu dem Fuzzy-Kontext (G, M, R) in Abbildung 3.9 sind in Abbildung 5.1 der Fuzzy-Begriffsverband des komplementären Fuzzy-Kontextes und in Abbildung 5.2 der Fuzzy-Begriffsverband, den man mittels der komplementären Ableitungsoperatoren erhält, dargestellt. Dabei sind die Fuzzy-Begriffe in Abbildung 5.2 derart bezeichnet, daß der Begriffsinhalt jeweils der Durchschnitt der Merkmalsmenge M und aller über dem entsprechenden Fuzzy-Begriff stehenden (einelementigen) Fuzzy-Mengen ist. Der Begriffsumfang ist (wie bei Fuzzy-Begriffen üblich) die Vereinigung der unter dem entsprechenden Fuzzy-Begriff stehenden (einelementigen) Fuzzy-Mengen. (Wegen (19) und (21) gilt $\overline{\bigcap_{t \in T} B_t} = \bigcup_{t \in T} \overline{B_t}$ für alle $B_t \underset{\sim}{\subseteq} M$, T: Indexmenge.) Das Komplement von Fuzzy-Mengen wird für die Definition der komplementären Ableitungsoperatoren nicht benötigt. Für beliebige L-Fuzzy-Algebren wird daher durch Zuordnung dieser Ableitungsoperatoren zum L-Fuzzy-Kontext (G, M, R) der *verallgemeinerte komplementäre L-Fuzzy-Kontext* definiert.

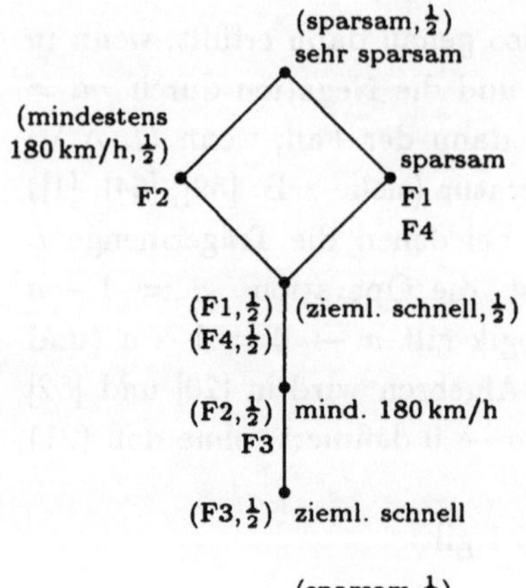

Abb. 5.1. Begriffsverband des komplementären Kontextes zum Fuzzy-Kontext in Abbildung 3.9

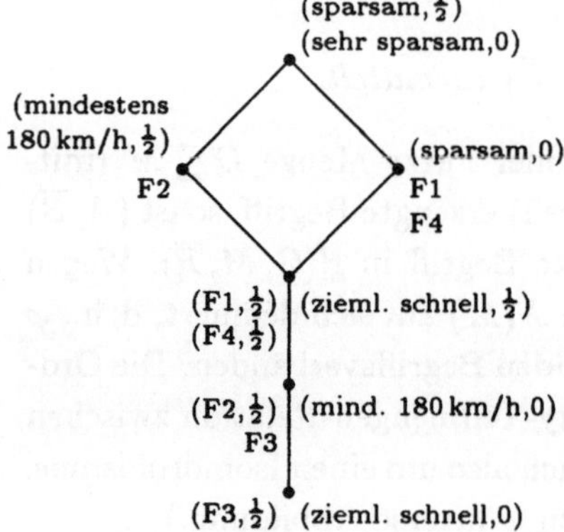

Abb. 5.2. Begriffsverband des verallgemeinerten komplementären Kontextes zum Fuzzy-Kontext in Abbildung 3.9

Das obige Beispiel soll nun in der Weise abgeändert werden, daß die beiden eingangs genannten Problemstellungen (wie bei Tauschanzeigen) miteinander verbunden werden. Beispielsweise überprüft der Leser von Partnerschaftsannoncen sowohl, wie gut die angegebenen Eigenschaften des Inserenten den eigenen Erwartungen an einen Partner entsprechen, als auch umgekehrt, ob er selbst den in der Annonce angegebenen Anforderungen genügt. Eine Behandlung dieses Problemes ist in der Weise möglich, daß ein Fuzzy-Kontext betrachtet wird, in dem die Gegenstände die Inserenten sind und in dessen Merkmalsmenge $M = M_1 \dot{\cup} M_2$ sowohl die für die Leser interessanten Eigenschaften der Inserenten (M_1) als auch die in den Annoncen angegebenen Erwartungen (M_2) erfaßt werden. Bei diesem Kontext handelt es sich um die *Apposition* $(G, M_1 \dot{\cup} M_2, R_1 \dot{\cup} R_2)$ eines Fuzzy-Kontextes (G, M_1, R_1) (mit den Ableitungsoperatoren aus Abschnitt 2.1) und eines Fuzzy-Kontextes (G, M_2, R_2) mit komplementären Ableitungsoperatoren (vgl. [17] für einwertige Kontexte). Die Ableitungsoperatoren für diesen Kontext können durch

$$\mu_{B^d}(g) = \bigwedge_{m \in M_1} (\mu_B(m) \to \mu_R(g,m)) \wedge \bigwedge_{m \in M_2} (\mu_R(g,m) \to \mu_B(m)) \quad (g \in G),$$
$$\mu_{A^d}(m) = \bigwedge_{g \in G} (\mu_A(g) \to \mu_R(g,m)) \quad (m \in M_1),$$
$$\mu_{A^d}(m) = \bigvee_{g \in G} (\mu_A(g) \cdot \mu_R(g,m)) \quad (m \in M_2)$$

definiert werden. Die damit gewonnenen Begriffe haben dann die gewünschten Eigenschaften: Jeder Gegenstand gehört in dem Maße zum Begriffsumfang wie er die zum Begriffsinhalt gehörigen Merkmale aus M_1 besitzt und seine Merkmale aus M_2 im Begriffsinhalt enthalten sind. Ein Merkmal aus M_1 gehört in dem Maße zum Begriffsinhalt, wie jeder Gegenstand des Begriffsumfanges dieses Merkmal mindestens besitzt, ein Merkmal aus M_2 in dem Maße, wie jeder Gegenstand des Begriffsumfanges dieses Merkmal höchstens hat. Der Zugehörigkeitswert eines Gegenstandes (Inserent) zu dem von einer Fuzzy-Merkmalsmenge (Eigenschaften und Wünsche eines Lesers) erzeugten Begriff gibt damit an, wie gut die gegenseitigen Erwartungen erfüllt werden. Sind die Voraussetzungen für Hilfssatz 5.1 erfüllt, so ist dieser Begriffsverband isomorph zu $\underline{\mathfrak{B}}(G, M_1 \dot\cup M_2, R_1 \dot\cup \overline{R_2})$. Die Isomorphie wird (in beiden Richtungen) durch die Abbildung $(A, B_1 \dot\cup B_2) \mapsto (A, B_1 \dot\cup \overline{B_2})$ mit $A \subsetapprox G$, $B_1 \subsetapprox M_1$, $B_2 \subsetapprox M_2$ bewirkt.

Durch Zuordnung der obigen Ableitungsoperatoren zum Fuzzy-Kontext $(G, M \dot\cup M, R)$ kann der *verallgemeinerte dichotome Kontext* zu (G, M, R) definiert werden (vgl. [17] für einwertige Kontexte).

5.2 Komplementäre fuzzy-wertige Kontexte und deren Skalierung

Durch analoge Überlegungen wie in Abschnitt 5.1 für Fuzzy-Kontexte können „verallgemeinerte komplementäre fuzzy-wertige Kontexte" definiert werden, indem den fuzzy-wertigen Kontexten geeignete Ableitungsoperatoren zugeordnet werden. Auf diesen Fall lassen sich die Definitionen und Aussagen zur Skalierung fuzzy-wertiger Kontexte (siehe Abschnitt 3.2) sowie zu ihrem Zusammenhang mit mehrwertigen Kontexten (siehe Abschnitt 3.3) übertragen. Die Definition des dichotomen Kontextes kann auch für fuzzy-wertige Kontexte verallgemeinert werden.

Zur Motivation werden die Beispiele in 5.1 nur leicht verändert. Problemstellung, Gegenstands- und Merkmalsmengen bleiben gleich. Die Eigenschaften der Gegenstände werden jedoch als Familien von Fuzzy-Mengen erfaßt. Im Fall der Gebrauchtwagenangebote hat der fuzzy-wertige Kontext dann eine Gestalt wie in Abbildung 3.3. Wird zu den Forderungen eines Käufers – einer Familie von Fuzzy-Mengen – der von diesen erzeugte Begriff wie in 3.1 berechnet, so gibt der Zugehörigkeitswert jedes Autos zum Begriffsumfang an, wie gut das Fahrzeug den Erwartungen entspricht. Ein Auto gehört zum Begriffsumfang, wenn die seine Eigenschaften charakterisierende Familie von Fuzzy-Mengen im Begriffsinhalt enthalten ist. Der Begriffsinhalt gibt die im Rahmen des vorliegenden Angebotes aus den Forderungen folgenden Eigenschaften an, ist also eine Familie „schärferer" Fuzzy-Mengen.

Werden jedoch die gesuchten Gebrauchtwagen in einem fuzzy-wertigen Kontext erfaßt, so sollen Begriffe berechnet werden, bei denen der Zugehörigkeitswert jedes Gegenstandes (Käufer) zum Begriff angibt, in welchem Maße die den Begriff erzeugenden Fuzzy-Mengen (Eigenschaften eines Autos) in den Fuzzy-Mengen, die die Merkmale des Gegenstandes (Käuferwunsch) beschreiben, enthalten sind. Dies wird durch die folgenden *komplementären Ableitungsoperatoren* ^{c} erreicht, die den Ableitungsoperatoren für Fuzzy-Kontexte (vgl. 2.1) ähneln:

$$\mu_{B^c}(g) := \bigwedge_{m\in M} \bigwedge_{x\in X_m} (\mu_{B_m}(x) \to \mu_{m(g)}(x)) \quad \text{für } B \in \prod_{m\in M} \mathcal{F}(X_m), g \in G,$$

$$\mu_{A^c{}_m}(x) := \bigwedge_{g\in G} (\mu_A(g) \to \mu_{m(g)}(x)) \quad \text{für } A \in \mathcal{F}(G), m \in M, x \in X_m.$$

Die Überlegungen zu den Ableitungsoperatoren für Fuzzy-Kontexte können unmittelbar auf die hier definierten Operatoren übertragen werden. Begriffe werden in analoger Weise definiert. Die Menge aller solchen Begriffe ist mit der durch

$$(A_1, B_1) \leq (A_2, B_2) :\Longleftrightarrow A_1 \subsetneq A_2 \ (\Longleftrightarrow B_1 \supsetneq B_2)$$

definierten Ordnungsrelation ein vollständiger Verband, der mit $\underline{\mathcal{B}_c}(G,M,U,I)$ bezeichnet wird.

Gilt in der L-Fuzzy-Algebra $(a \to 0) \to 0 = a$ und werden die Negation durch $\neg a = a \to 0$ sowie das Komplement einer L-Fuzzy-Menge durch $\mu_{\overline{A}}(x) = \neg\mu_A(x)$ definiert (d. h., sind die Voraussetzungen für Hilfssatz 5.1 erfüllt), so gilt die folgende Aussage:

Hilfssatz 5.3. *Für alle $B \in \prod_{m\in M} \mathcal{F}(X_m)$, $A \in \mathcal{F}(G)$ und die oben angegebenen Ableitungsoperatoren gilt*

$$\mu_{B^c}(g) = \bigwedge_{m\in M} \bigwedge_{x\in X_m} (\mu_{\overline{m(g)}}(x) \to \mu_{\overline{B_m}}(x)),$$

$$\mu_{\overline{A^c{}_m}}(x) = \bigvee_{g\in G} (\mu_A(g) \cdot \mu_{\overline{m(g)}}(x)).$$

Beweis. Es gilt

$$\begin{aligned}
\mu_{B^c}(g) &= \bigwedge_{m\in M} \bigwedge_{x\in X_m} (\mu_{B_m}(x) \to \mu_{m(g)}(x)) \\
&= \bigwedge_{m\in M} \bigwedge_{x\in X_m} (\mu_{\overline{m(g)}}(x) \to \mu_{\overline{B_m}}(x)) && \text{(wegen (17))}
\end{aligned}$$

und

$$\begin{aligned}
\mu_{\overline{A^c{}_m}}(x) &= \neg \bigwedge_{g\in G} (\mu_A(g) \to \mu_{m(g)}(x)) \\
&= \neg \bigwedge_{g\in G} (\mu_A(g) \to (\neg\neg\mu_{m(g)}(x))) && \text{(wegen (21))} \\
&= \neg \bigwedge_{g\in G} \neg(\mu_A(g) \cdot (\neg\mu_{m(g)}(x))) && \text{(wegen (18))} \\
&= \neg\neg \bigvee_{g\in G} (\mu_A(g) \cdot (\neg\mu_{m(g)}(x))) && \text{(wegen (19))} \\
&= \bigvee_{g\in G} (\mu_A(g) \cdot \mu_{\overline{m(g)}}(x)) && \text{(wegen (21)).}
\end{aligned}$$

□

Sind die Voraussetzungen für Hilfssatz 5.3 erfüllt und ist (G, M, U, I) ein L-fuzzy-wertiger Kontext, so sei $(G, M, \hat{U}, \hat{I})$ mit

$$\hat{U} := \{\overline{u} : u \in U\},$$

$$(g, m, v) \in \hat{I} \;:\Longleftrightarrow\; v = \overline{u} \text{ und } (g, m, u) \in I$$

der zugehörige *komplementäre L-fuzzy-wertige Kontext*. Dann gilt die folgende Aussage:

Satz 5.2. $\underline{\mathcal{B}_c}(G, M, U, I) \cong \underline{\mathcal{B}}(G, M, \hat{U}, \hat{I})$.
Die Isomorphie wird durch $\varphi : (A, B) \mapsto (A, \overline{B})$ vermittelt.

Der Beweis verläuft analog zu dem von Satz 5.1.

Auch hier kann der Begriffsverband mittels der komplementären Ableitungsoperatoren ohne Berechnung der Komplemente von Fuzzy-Mengen ermittelt werden. Für beliebige L-Fuzzy-Algebren wird durch Zuordnung dieser Ableitungsoperatoren zum L-fuzzy-wertigen Kontext (G, M, U, I) der *verallgemeinerte komplementäre fuzzy-wertige Kontext* definiert.

Die Definitionen und Aussagen in 3.2 über die Skalierung fuzzy-wertiger Kontexte können auch auf die verallgemeinerten komplementären fuzzy-wertigen Kontexte übertragen werden.

Ist (G, M, U, I) ein fuzzy-wertiger Kontext mit komplementären Ableitungsoperatoren und sind $N_m \subseteq \mathcal{F}(X_m)$ $(m \in M)$ Mengen von Merkmalsausprägungen, so ist der zugehörige *durch Skalierung abgeleitete Fuzzy-Kontext* (oder einfach der*abgeleitete Kontext*) der Fuzzy-Kontext (G, N, S) (mit den in 2.1 definierten Ableitungsoperatoren) mit

$$N := \dot{\bigcup}_{m \in M} N_m,$$

$$\mu_S(g, n) := \bigwedge_{x \in X_m} (\mu_n(x) \to \mu_{m(g)}(x)) \quad \text{für } g \in G, m \in M, n \in N_m.$$

Unter den Voraussetzungen für Hilfssatz 5.3 gilt:

Satz 5.3. *Werden der L-fuzzy-wertige Kontext* (G, M, U, I) *mit komplementären Ableitungsoperatoren bezüglich einer Menge* N *von Merkmalsausprägungen (wie vorstehend definiert) und der komplementäre L-fuzzy-wertige Kontext* $(G, M, \hat{U}, \hat{I})$ *bezüglich* $\hat{N} := \{\overline{n} : n \in N\}$ *(wie in Abschnitt 3.2 definiert) skaliert, so sind die zugehörigen abgeleiteten Kontexte* (G, N, S) *und* $(G, \hat{N}, \hat{S})$ *isomorph, und es gilt*

$$gSn \iff g\hat{S}\overline{n}.$$

Beweis. Es gilt

$$\begin{aligned} \mu_{\hat{S}}(g, \overline{n}) &= \bigwedge_{x \in X_m} (\mu_{\overline{m(g)}}(x) \to \mu_{\overline{n}}(x)) \\ &= \bigwedge_{x \in X_m} (\mu_n(x) \to \mu_{m(g)}(x)) \qquad \text{(wegen (17))} \\ &= \mu_S(g, n), \end{aligned}$$

woraus die behauptete Isomorphie unmittelbar folgt.

□

Um die Zusammenhänge zwischen verallgemeinerten komplementären Kontexten und zugehörigen abgeleiteten Kontexten formulieren und nachweisen zu können, wird die Definition der Abbildungen σ und ϱ in Abschnitt 3.3 in folgender Weise modifiziert: Die Abbildung

$$\sigma_c : \prod_{m \in M} \mathcal{F}(X_m) \to \mathcal{F}(N)$$

werde durch

$$\mu_{\sigma_c B}(n) := \bigwedge_{x \in X_m} (\mu_n(x) \to \mu_{B_m}(x))$$

für $B \in \prod_{m \in M} \mathcal{F}(X_m)$, $m \in M$, $n \in N_m$ definiert, die Abbildung

$$\varrho_c : \mathcal{F}(N) \to \prod_{m \in M} \mathcal{F}(X_m)$$

durch

$$\mu_{(\varrho_c B)_m}(x) := \bigvee_{n \in N_m} (\mu_B(n) \cdot \mu_n(x))$$

für $B \subsetapprox N$, $m \in M$, $x \in X_m$.

Mit diesen Bezeichnungen gilt Hilfssatz 3.8 für fuzzy-wertige Kontexte (G, M, U, I) mit komplementären Ableitungsoperatoren, da wegen (12) und (4)

$$\bigwedge_{x \in X_m} \left(\mu_n(x) \to \bigwedge_{g \in G} (\mu_A(g) \to \mu_{m(g)}(x)) \right)$$
$$= \bigwedge_{g \in G} \left(\mu_A(g) \to \bigwedge_{x \in X_m} (\mu_n(x) \to \mu_{m(g)}(x)) \right)$$

gilt (vgl. Beweis von Hilfssatz 3.8). Hilfssatz 3.9 gilt ebenfalls auch hierfür, da wegen (12) und (9)

$$\bigwedge_{m \in M} \bigwedge_{x \in X_m} \left(\bigvee_{n \in N_m} (\mu_B(n) \cdot \mu_n(x)) \to \mu_{m(g)}(x) \right)$$
$$= \bigwedge_{m \in M} \bigwedge_{n \in N_m} \left(\mu_B(n) \to \bigwedge_{x \in X_m} (\mu_n(x) \to \mu_{m(g)}(x)) \right)$$

gilt (vgl. Beweis von Hilfssatz 3.9). Somit gilt die Folgerung zu den Hilfssätzen 3.8 und 3.9 auch für den Fall, daß (G, M, U, I) ein fuzzy-wertiger Kontext mit komplementären Ableitungsoperatoren ist (Beweis analog).

Auch Hilfssatz 3.11 gilt mit diesen Bezeichnungen. Im Begriffsverband des verallgemeinerten komplementären fuzzy-wertigen Kontextes (G, M, U, I) gilt nämlich für jede Indexmenge T

$$\bigvee_{t \in T} (A_t, B_t) = \left(\left(\bigcup_{t \in T} A_t \right)^{cc}, \bigcap_{t \in T} B_t \right)$$

und wegen (12) (im Unterschied zu Abschnitt 3.2)

$$\sigma_c\left(\bigcap_{t\in T} B_t\right) = \bigcap_{t\in T} \sigma_c B_t,$$

so daß sich der Beweis von Hilfssatz 3.11 übertragen läßt.

Somit gelten Satz 3.2 und Folgerung 1 zu Satz 3.2 auch, wenn (G, M, U, I) ein fuzzy-wertiger Kontext mit komplementären Ableitungsoperatoren ist.

Statt Hilfssatz 3.12 gilt (mit den hier verwendeten Bezeichnungen) für fuzzy-wertige Kontexte mit komplementären Ableitungsoperatoren

$$\sigma_c A \subsetneqq \sigma_c B \iff A \subsetneqq B,$$

wenn $A = (A_m : m \in M)$ durch $A_m = \bigcup_{n\in N_m}(\tau_n \cdot n)$ mit $\tau_n \in L$ dargestellt werden kann. Die Abbildung σ_c ist nämlich monoton, und die Aussagen

$$\bigvee_{n\in N_m} (\tau_n \cdot \mu_n(x)) \leq \mu_{A_m}(x) \text{ für jedes } x \in X_m,$$

$$\tau_n \leq \bigwedge_{x\in X_m} (\mu_{A_m}(x) \to \mu_n(x)) = \mu_{\sigma_c A}(n) \text{ für jedes } n \in N_m$$

sind äquivalent (vgl. Beweis zu Hilfssatz 3.12). Anstelle von Folgerung 2 zu Satz 3.2 gilt dann: Ist (G, N, S) ein abgeleiteter Kontext zum fuzzy-wertigen Kontext (G, M, U, I) mit komplementären Ableitungsoperatoren und ist jeder Begriffsinhalt $B = (B_m : m \in M)$ durch $B_m = \bigcup_{n\in N_m}(\tau_n \cdot n)$ mit $\tau_n \in L$ darstellbar, so gilt

$$\underline{\mathfrak{B}_c}(G, M, U, I) \cong \underline{\mathfrak{B}}(G, N, S)$$

mit

$$\varphi : (A, B) \mapsto (A, \sigma_c B),$$
$$\varphi^{-1} : (A, B) \mapsto (A, \varrho_c B)$$

als zugehörigem Isomorphismus und dessen inverser Abbildung. Der Beweis verläuft analog zu dem von Folgerung 2 zu Satz 3.2, wobei aus $(\varrho_c\sigma_c B)^c = A$ wegen der zu Hilfssatz 2.1 analogen Aussage für verallgemeinerte komplementäre fuzzy-wertige Kontexte $\varrho_c\sigma_c B \subsetneqq (\varrho_c\sigma_c B)^{cc} = A^c = B$ folgt und andererseits mit $B_m = \bigcup_{n\in N_m}(\tau_n \cdot n)$

$$\begin{aligned}
\mu_{(\varrho_c\sigma_c B)_m}(x) &= \bigvee_{n\in N_m}\left(\bigwedge_{y\in X_m}(\mu_n(y) \to \bigvee_{k\in N_m}(\tau_k \cdot \mu_k(y))) \cdot \mu_n(x)\right) \\
&\geq \bigvee_{n\in N_m}((\mu_n(x) \to (\tau_n \cdot \mu_n(x))) \cdot \mu_n(x)) \quad \text{(wegen (1),(6),(2))} \\
&\geq \bigvee_{n\in N_m}(\tau_n \cdot \mu_n(x)) = \mu_{B_m}(x) \quad \text{(wegen (3),(2))}
\end{aligned}$$

für jedes $x \in X_m$, d. h. $\varrho_c\sigma_c B \supsetneqq B$ gilt.

Da jeder Begriffsinhalt $B = (B_m : m \in M)$ eines verallgemeinerten komplementären fuzzy-wertigen Kontextes durch $B_m = \bigcup_{x \in X_m}(\mu_{B_m}(x) \cdot \{x\})$ dargestellt werden kann, erhält man somit statt der Folgerung 3 zu Satz 3.2 die folgende Aussage: Wird der L-fuzzy-wertige Kontext (G, M, U, I) mit komplementären Ableitungsoperatoren bezüglich der Mengen

$$N_m := \{\{x\} : x \in X_m\}$$

von Merkmalsausprägungen skaliert, so gilt für den zugehörigen Begriffsverband

$$\underline{\mathfrak{B}}(G, N, S) \cong \underline{\mathfrak{B}_c}(G, M, U, I)$$

mit

$$\varphi : (A, B) \mapsto (A, \sigma_c B),$$
$$\varphi^{-1} : (A, B) \mapsto (A, \varrho_c B)$$

als zugehörigem Isomorphismus und dessen inverser Abbildung.

Wird der L-fuzzy-wertige Kontext (G, M, U, I) mit komplementären Ableitungsoperatoren bezüglich der Mengen

$$N_m := \left\{ \bigcap_{g \in G} (\nu_g \to m(g)) : \nu_g \in L \right\}$$

von Merkmalsausprägungen skaliert, so gilt für den zugehörigen Begriffsverband

$$\underline{\mathfrak{B}}(G, N, S) \cong \underline{\mathfrak{B}_c}(G, M, U, I)$$

mit

$$\varphi : (A, B) \mapsto (A, \sigma_c B),$$
$$\varphi^{-1} : (A, B) \mapsto (A, \varrho_c B)$$

als zugehörigem Isomorphismus und dessen inverser Abbildung. (vgl. Folgerung 4 zu Satz 3.2 und deren Beweis).

Auch die Überlegungen in Abschnitt 3.3 über den Zusammenhang zwischen fuzzy-wertigen und mehrwertigen Kontexten sind auf den Fall verallgemeinerter komplementärer fuzzy-wertiger Kontexte übertragbar.

(G, M, U, I) mit $U \subseteq \bigcup_{m \in M} \mathcal{F}(X_m)$ sei ein L-fuzzy-wertiger Kontext mit komplementären Ableitungsoperatoren, und $N_m \subseteq \mathcal{F}(X_m)$ $(m \in M)$ seien Mengen von Merkmalsausprägungen. Werden die *Skalen*

$$\mathbb{S}_m := (G_m, N_m, I_m)$$

durch

$$G_m := m(G),$$
$$I_m \subseteq G_m \times N_m,$$
$$\mu_{I_m}(u,n) := \text{tv}\,(„n \subseteq u“) = \bigwedge_{x \in X_m} (\mu_n(x) \to \mu_u(x))$$

definiert, so gilt Hilfssatz 3.13 auch für diesen Fall.

Die Elemente der L-Fuzzy-Algebra L_0 (siehe Abschnitt 2.1) besitzen eindeutig bestimmte Komplemente. Zu jedem L_0-fuzzy-wertigen Kontext (G, M, U, I) existiert also der komplementäre L_0-fuzzy-wertige Kontext $(G, M, \hat{U}, \hat{I})$, so daß die Aussagen über L_0-fuzzy-wertige Kontexte in Abschnitt 3.3 mittels der Sätze 5.2 und 5.3 auf den Fall L_0-fuzzy-wertiger Kontexte mit komplementären Ableitungsoperatoren übertragen werden können.

Ist (G, M, U, I) ein L_0-fuzzy-wertiger Kontext mit komplementären Ableitungsoperatoren, so kann dieser als mehrwertiger Kontext aufgefaßt werden. Eine zu Hilfssatz 3.14 analoge Aussage gilt für diesen Fall, wenn die Relationen in den Skalenkontexten durch

$$uI_m n \iff n \subseteq u$$

für jedes $m \in M$ definiert werden. Hilfssatz 3.15 gilt für L_0-fuzzy-wertige Kontexte mit komplementären Ableitungsoperatoren, wenn die Skalierung bezüglich der Mengen

$$N_m := \{\{x\} : x \in X_m\}$$

von Merkmalsausprägungen erfolgt. Diese Aussage stimmt mit der durch Übertragung von Folgerung 3 zu Satz 3.2 auf diesen Fall gewonnenen Aussage überein.

Analog zum Vorgehen in Abschnitt 3.3 läßt sich jedem skalierten mehrwertigen Kontext in natürlicher Weise auch ein L_0-fuzzy-wertiger Kontext mit komplementären Ableitungsoperatoren zuordnen, so daß die zugehörigen Begriffsverbände isomorph sind. K_S und K_{L_0} seien die in 3.3 definierten Mengen von Isomorphieklassen. Die Menge K_{L_0} wird bijektiv auf sich abgebildet, indem jedem L_0-fuzzy-wertigen Kontext (G, M, U, I) der (komplementäre) L_0-fuzzy-wertige Kontext $(G, M, \hat{U}, \hat{I})$ zugeordnet wird. Somit gilt die folgende zu Satz 3.3 analoge Aussage: Durch

$$\varphi(G, M, U, I) = ((G, M, U, I), ((m(G), X_m, I_m) : m \in M))$$

mit

$$uI_m x :\Longleftrightarrow x \in u$$

wird eine bijektive Abbildung von K_{L_0} auf K_S definiert. Ist (G, X, J_X) der zu $\varphi(G, M, U, I)$ gehörige abgeleitete Kontext, so gilt

$$\underline{\mathfrak{B}_c}(G, M, U, I) \cong \underline{\mathfrak{B}}(G, X, J_X),$$

vermittelt durch

$$(A, (B_m : m \in M)) \mapsto \left(A, \dot{\bigcup_{m \in M}} B_m\right).$$

Die beiden Problemstellungen der in diesem Abschnitt betrachteten Beispiele können wiederum (wie bei Tauschanzeigen) miteinander verbunden werden (vgl. Abschnitt 5.1). Dieses Problem für fuzzy-wertige Kontexte kann (analog zu dem für Fuzzy-Kontexte) behandelt werden, indem die *Apposition* $(G, M_1 \dot\cup M_2, U_1 \cup U_2, I_1 \dot\cup I_2)$ eines fuzzy-wertigen Kontextes (G, M_1, U_1, I_1) (mit den in Abschnitt 3.1 definierten Ableitungsoperatoren) und eines fuzzy-wertigen Kontextes (G, M_2, U_2, I_2) (mit komplementären Ableitungsoperatoren) gebildet wird. Dabei werden die folgenden Ableitungsoperatoren verwendet:

$$\mu_{B^d}(g) := \bigwedge_{m \in M_1} \bigwedge_{x \in X_m} (\mu_{m(g)}(x) \to \mu_{B_m}(x)) \wedge \bigwedge_{m \in M_2} \bigwedge_{x \in X_m} (\mu_{B_m}(x) \to \mu_{m(g)}(x)) \qquad (g \in G),$$

$$\mu_{A^d{}_m}(x) := \bigvee_{g \in G} (\mu_A(g) \cdot \mu_{m(g)}(x)) \qquad (m \in M_1, x \in X_m),$$

$$\mu_{A^d{}_m}(x) := \bigwedge_{g \in G} (\mu_A(g) \to \mu_{m(g)}(x)) \qquad (m \in M_2, x \in X_m).$$

Hiermit definierte Begriffe haben die Eigenschaft, daß jeder Gegenstand in dem Maße zum Begriffsumfang gehört, wie die seine Ausprägungen der Merkmale aus M_1 beschreibenden Fuzzy-Mengen in denen des Begriffsinhaltes enthalten sind und die seine Ausprägungen der Merkmale aus M_2 beschreibenden Fuzzy-Mengen die des Begriffsinhaltes umfassen. Unter den Voraussetzungen für Hilfssatz 5.3 ist dieser Begriffsverband isomorph zu $\underline{\mathfrak{B}}(G, M_1 \dot\cup M_2, U_1 \cup \hat{U}_2, I_1 \dot\cup \hat{I}_2)$. Die Isomorphie wird (in beiden Richtungen) durch die Abbildung $(A, B) \mapsto (A, C)$ mit $A \in \mathcal{F}(G)$, $B \in \prod_{m \in M} \mathcal{F}(X_m)$ und

$$C_m := \begin{cases} B_m, & \text{wenn } m \in M_1, \\ \overline{B_m}, & \text{wenn } m \in M_2 \end{cases}$$

bewirkt.

Der *verallgemeinerte dichotome Kontext* zum fuzzy-wertigen Kontext (G, M, U, I) kann durch Zuordnung dieser Ableitungsoperatoren zum fuzzy-wertigen Kontext $(G, M \dot{\cup} M, U, I)$ definiert werden.

Abschließende Bemerkungen

Die in diesem Buch entwickelte Theorie der Fuzzy-Begriffe beruht im wesentlichen auf der Verallgemeinerung von Definitionen und Methoden der Formalen Begriffsanalyse. Grundlage hierfür ist die Theorie der L-Fuzzy-Mengen die es ermöglicht, die auftretenden Zugehörigkeitswerte mittels Aussagen der mehrwertigen Logik zu begründen und zu interpretieren. Bei der Anwendung der vorgeschlagenen Methoden ist daher besonderes Augenmerk auf die Auswahl einer jeweils geeigneten mehrwertigen Logik zu richten. Die zu verwendende mehrwertige Logik und somit die entsprechende L-Fuzzy-Algebra hängen stets von den Fragestellungen an die Daten, das heißt vom Interpretationsziel ab.

Im Gegensatz zu zahlreichen anderen Fuzzy-Methoden zur qualitativen Analyse unscharfer Daten wird mit den hier eingeführten Methoden ein Werkzeug zur Verfügung gestellt, das eine Strukturierung, Analyse und Interpretation der Daten ohne vorzeitige Informationsreduktion ermöglicht. Das damit verbundene Problem der Aufarbeitung oft sehr großer Datenmengen wird durch bereits vorhandene Computerprogramme zur Formalen Begriffsanalyse (wie TOSCANA und ANACONDA) wesentlich vereinfacht, da die in der Theorie der Fuzzy-Begriffe auftretenden Algorithmen zu großen Teilen auf solche der (in [18] behandelten) üblichen Formalen Begriffsanalyse zurückgeführt werden konnten. Für Fuzzy-Kontexte ist dabei zunächst an das „doppelte Skalieren“ (siehe Satz 2.1) zu denken, mit dessen Hilfe nicht nur die Berechnung der Fuzzy-Begriffe, sondern auch das Reduzieren (Abschnitt 2.3) und die Untersuchung der Gültigkeit von Implikationen (Satz 4.3) unter Verwendung der Computerprogramme für einwertige Kontexte durchgeführt werden können. Bei der Programmierung für fuzzy-wertige Kontexte können dann wiederum die Zusammenhänge mit Fuzzy-Kontexten genutzt werden, wie zum Beispiel bei der Ermittlung der Fuzzy-Begriffe (siehe Satz 3.2 und dessen Folgerungen 2, 3 und 4) und der gültigen Implikationen (siehe Satz 4.6 sowie Hilfssatz 4.14 und dessen Folgerungen).

Literatur

1. H. BANDEMER und S. GOTTWALD: Einführung in Fuzzy-Methoden. Akademie-Verlag, Berlin, 1993.
2. H. BANDEMER und W. NÄTHER: Fuzzy Data Analysis. Kluwer, Dordrecht, 1992.
3. G. BIRKHOFF: Lattice Theory. AMS, Providence, R.I., 1940.
4. P. BURMEISTER: Programm zur formalen Begriffsanalyse einwertiger Kontexte. TH Darmstadt, 1987. Neueste Version 1991.
5. P. BURMEISTER: Merkmalimplikationen bei unvollständigem Wissen. In: W. Lex (Hrsg.), Arbeitstagung Begriffsanalyse und Künstliche Intelligenz, Informatik-Bericht 89/3, TU Clausthal, 1991, 15-46.
6. A. BURUSCO JUANDEABURRE und R. FUENTES-GONZALES: The Study of the L-Fuzzy Concept Lattice. Mathware & Soft Computing, **3**(1994), 209-218.
7. D. DUBOIS und H. PRADE: Fuzzy Sets and Systems: Theory and Applications. Academic Press, New York, 1980.
8. D. DUBOIS und H. PRADE: The generalized modus ponens under sup-min composition. In: M. M. Gupta, A. Kandel, W. Bandler, J. B. Kiszka (Hrsg.), Approximate Reasoning in Expert Systems, Elsevier Science Publishers B.V. (North Holland), 1985, 217-232.
9. D. DUBOIS und H. PRADE: The treatment of uncertainty in knowledge-based systems using fuzzy sets and possibility theory. In: Research Report n° 269, LSI, Université P. Sabatier Toulouse, 1987.
10. D. DUBOIS und H. PRADE: Fuzzy sets in approximate reasoning, Part 1: Inference with possibility distributions. Fuzzy Sets and Systems, **40**(1991), 143-202.
11. D. DUBOIS, H. PRADE und C. TESTEMALE: Fuzzy pattern maching with extended capabilities: Proximity notions, importance assessment, random sets. In: W. Bandler, A. Kandel (Hrsg.), Recent Developments in the Theory and Applications of Fuzzy Sets, Proceedings of NAFIPS, New Orleans, 1986.
12. M. ERNÉ: Einführung in die Ordnungstheorie. B. I.-Wissenschaftsverlag, Zürich, 1982.
13. B. GANTER: Algorithmen zur formalen Begriffsanalyse. In: B. Ganter, R. Wille, K. E. Wolff (Hrsg.), Beiträge zur Begriffsanalyse, B. I.-Wissenschaftsverlag, Mannheim, 1987, 241-254.
14. B. GANTER, K. RINDFREY und M. SKORSKY: Software for formal concept analysis. In: W. Gaul, M. Schader (Hrsg.), Classification as a tool of research, North-Holland, Amsterdam, 1986, 161-167.

15. B. Ganter, J. Stahl und R. Wille: Conceptual measurement and many-valued contexts. In: W. Gaul, M. Schader (Hrsg.), Classification as a tool of research, North-Holland, Amsterdam, 1986, 169-176.
16. B. Ganter und R. Wille: Implikationen und Abhängigkeiten zwischen Merkmalen. In: P. O. Degens, H.-J. Hermes, O. Opitz (Hrsg.), Die Klassifikation und ihr Umfeld, Indeks-Verlag, Frankfurt, 1986, 171-185.
17. B. Ganter und R. Wille: Conceptual Scaling. In: F. Roberts (Hrsg.), Applications of combinatorics and graph theory to the biological and social sciences, Springer-Verlag, New York, 1989, 139-167.
18. B. Ganter und R. Wille: Formale Begriffsanalyse: Mathematische Grundlagen. Springer-Verlag, Heidelberg, 1996.
19. J. A. Goguen: L-Fuzzy Sets. Journal of Mathematical Analysis and Applications, **18**(1967), 145-174.
20. J. A. Goguen: The logic of inexact concepts. Synthese, **19**(1969), 325-373.
21. S. Gottwald: Characterizations of the Solvability of Fuzzy Equations. Elektronische Informationsverarbeitung und Kybernetik, **22**(1986), 67-91.
22. S. Gottwald: Mehrwertige Logik. Akademie-Verlag, Berlin, 1989.
23. S. Gottwald: Fuzzy Sets and Fuzzy Logic. Vieweg, Wiesbaden, 1993.
24. Ch. S. Herrmann und A. Strohmaier: A Fuzzification of Conceptual Knowledge Systems. Preprint, Darmstadt, 1996.
25. L. P. Holmblad und J. J. Østergaard: Control of a cement kiln by fuzzy logic. In: M. M. Gupta, E. Sanchez (Hrsg.), Fuzzy Information and Desicion Processes, North-Holland, Amsterdam, 1982.
26. A. Kandel: Fuzzy Mathematical Techniques with Applications. Addison-Wesley, Reading, MA, 1986.
27. R. E. Kent: Rough Concept Analysis. Preprint, University of Arkansas, Little Rock, 1994.
28. F. Klix: Über Wissensrepräsentation im menschlichen Gedächtnis. In: F. Klix (Hrsg.), Gedächtnis – Wissen – Wissensnutzung, Deutscher Verlag der Wissenschaften, Berlin, 1984.
29. L. Kreiser, S. Gottwald und W. Stelzner (Hrsg.): Nichtklassische Logik. Akademie-Verlag, Berlin, 1990.
30. R. Kruse, J. Gebhardt und F. Klawonn: Fuzzy-Systeme. B. G. Teubner, Stuttgart, 1993.
31. P. Luksch und R. Wille: A mathematical model for conceptual knowledge systems. In: H. H. Bock, P. Ihm (Hrsg.), Classification, Data Analysis, and Knowledge Organization, Springer-Verlag, Berlin – Heidelberg, 1991, 156-162.
32. M. Luxenburger: Implikationen, Abhängigkeiten und Galois Abbildungen: Beiträge zur Formalen Begriffsanalyse. Verlag Shaker, Aachen, 1993.
33. E. H. Mamdani und B. R. Gaines: Fuzzy Reasoning and its Applications. Academic Press, London, 1981.
34. A. Mayer, B. Mechler, A. Schlindwein und R. Wolke: Fuzzy Logic. Addison-Wesley, Bonn, 1993.
35. M. Mizumoto und H.-J. Zimmermann: Comparison of Fuzzy Reasoning Methods. Fuzzy Sets and Systems, **8**(1982), 253-283.

36. V. NOVÁK: The origin and claims of fuzzy logic. In: S. Bocklisch, S. Orlovski, M. Peschel, Y. Nishiwaki (Hrsg.), Fuzzy Sets Applications, Methodological Approaches, and Results, Akademie-Verlag, Berlin, 1986.
37. Z. PAWLAK: Rough sets. International Journal of Computer and Information Sciences, **11**(1982), 341-356.
38. Z. PAWLAK: Rough Concept Analysis. Bulletin of the Polish Academy of Sciences: Technical Sciences, **33**(1985), 495-498.
39. Z. PAWLAK: Rough Sets: Theoretical Aspects of Reasoning about Data. Kluwer Academic Publishers, Dordrecht - Boston - London, 1991.
40. F. PERRING: RSNC Guide to British Wild Flowers. The Hamlyn Publishing Group Ltd., Rushden, 1984.
41. S. POLLANDT: Datenanalyse mit Fuzzy-Begriffen. In: G. Stumme, R. Wille (Hrsg.), Begriffliche Wissensverarbeitung: Methoden und Anwendungen, Springer-Verlag, Heidelberg, 1997.
42. N. RESCHER: Many-valued Logic. Mc Graw-Hill Book Company, New York, 1969.
43. H. ROMMELFANGER: Entscheiden bei Unschärfe. Springer-Verlag, Berlin - Heidelberg, 1988.
44. H. ROMMELFANGER: Fuzzy-Logik basierte Verarbeitung von Expertenregeln. OR Spektrum, **15**(1993), 31-42.
45. E. ROSCH: Cognitive Representations of Semantic Categories. Journal of Experimental Psychology, **104**(3)(1975), 192-233.
46. P. SACHSE: Das Entscheidungshilfesystem „Adele". Forschungsberichte, Band 1, TU Dresden, 1993.
47. P. SACHSE: Entwicklung und Bewertung einer computergestützten Entscheidungshilfe. Dissertation, TU Dresden, 1994.
48. P. SACHSE und S. UMBREIT *: The Decision Aid „Adele" and Formal Concept Analysis: An Evaluation. Forschungsberichte, Band 23, TU Dresden, 1995.
49. S. UMBREIT *: Formale Begriffsanalyse mit unscharfen Begriffen. Dissertation, Martin-Luther-Universität Halle-Wittenberg, 1995.
50. T. TILLI: Fuzzy-Logik. Franzis-Verlag, München, 1992.
51. M. WARD und R. P. DILWORTH: Residuated Lattices. Transactions of the AMS, **45**(1939), 335-354.
52. W. WECHLER: The Concept of Fuzziness in Automata and Language Theory. Akademie-Verlag, Berlin, 1978.
53. R. WILLE: Restructuring lattice theory: an approach based on hierarchies of concepts. In: I. Rival (Hrsg.), Ordered Sets, Reidel, Dordrecht - Boston, 1982, 445-470.
54. R. WILLE: Liniendiagramme hierarchischer Begriffssysteme. In: H. H. Bock (Hrsg.), Anwendungen der Klassifikation: Datenanalyse und numerische Klassifikation, Indeks Verlag, Frankfurt, 1984, 32-51.
55. R. WILLE: Bedeutungen von Begriffsverbänden. In: B. Ganter, R. Wille, K. E. Wolff (Hrsg.), Beiträge zur Begriffsanalyse, B. I.-Wissenschaftsverlag, Mannheim, 1987, 161-211.

* Silke Pollandt geb. Umbreit

56. R. WILLE: Knowledge Acquisition by Methods of Formal Concept Analysis. In: E. Diday (Hrsg.), Data Analysis, Learning Symbolic and Numeric Knowledge, Nova Science Publishers, New York – Budapest, 1989, 365-380.
57. R. WILLE: Concept lattices and conceptual knowledge systems. Computers and Mathematical Applications, **23**(1992), 493-515.
58. R. WILLE und M. ZICKWOLFF (Hrsg.): Begriffliche Wissensverarbeitung – Grundfragen und Aufgaben. B. I.-Wissenschaftsverlag, Mannheim, 1994.
59. L. A. ZADEH: Fuzzy Sets. Information and Control, **8**(1965), 338-353.
60. L. A. ZADEH: The Concepts of a Linguistic Variable and its Applications to Approximate Reasoning. I.-III. Information Sciences, **8**(1975), 199-249, 301-357, **9**(1975), 43-80.
61. L. A. ZADEH: Fuzzy Logic and Approximate Reasoning. Synthese, **30**(1975), 407-428.
62. L. A. ZADEH: PRUF - a meaning representation language for natural languages. In: E. H. Mamdani, B. R. Gaines, Fuzzy Reasoning and its Applications, Academic Press, London, 1981.
63. L. A. ZADEH: A Theory of Approximate Reasoning. In: J. E. Hayes, D. Michie, L. I. Mikulich (Hrsg.), Machine Intelligence 9, Elsevier, 1979, 149-194.
64. H.-J. ZIMMERMANN: Fuzzy set theory and its applications. Kluwer Academic Publishers, Dordrecht, 1990.

Index

Springer und Umwelt

Als internationaler wissenschaftlicher Verlag sind wir uns unserer besonderen Verpflichtung der Umwelt gegenüber bewußt und beziehen umweltorientierte Grundsätze in Unternehmensentscheidungen mit ein. Von unseren Geschäftspartnern (Druckereien, Papierfabriken, Verpackungsherstellern usw.) verlangen wir, daß sie sowohl beim Herstellungsprozess selbst als auch beim Einsatz der zur Verwendung kommenden Materialien ökologische Gesichtspunkte berücksichtigen.
Das für dieses Buch verwendete Papier ist aus chlorfrei bzw. chlorarm hergestelltem Zellstoff gefertigt und im pH-Wert neutral.